"十四五"时期国家重点出版物出版专项规划项目

鲲鹏技术丛书

丛书总主编
郑骏 林新华

鲲鹏
智能计算导论

华为技术有限公司 ◎ 组编

林新华 郑骏 ◎ 主编

陈瑛 夏林中 马祥 陈炯 ◎ 副主编

U0377847

人民邮电出版社

北 京

图书在版编目（CIP）数据

鲲鹏智能计算导论 / 华为技术有限公司组编 ； 林新
华，郑骏主编. -- 北京 ： 人民邮电出版社，2024.7
（鲲鹏技术丛书）
ISBN 978-7-115-64184-7

Ⅰ．①鲲… Ⅱ．①华… ②林… ③郑… Ⅲ．①人工智
能—计算 Ⅳ．①TP183

中国国家版本馆CIP数据核字(2024)第070446号

内 容 提 要

　　本书以鲲鹏智能计算为主线，共 12 章，分别为绪论、计算机与服务器、鲲鹏通用计算平台、鲲鹏 openEuler 操作系统、鲲鹏 openGauss 数据库、鲲鹏 openLooKeng 数据虚拟化引擎、鲲鹏云计算技术、鲲鹏应用迁移与开发、鲲鹏通用计算平台基础管理、openEuler 操作系统及虚拟化应用实践、基于鲲鹏通用计算平台的 Web 实践，以及基于鲲鹏智能计算平台的深度学习案例实践。

　　本书内容简洁、实用性强，旨在帮助读者了解并熟悉鲲鹏智能计算的相关技术及应用。本书适合 IT 相关行业的专业技术人员，以及对相关知识感兴趣的读者阅读，也适合作为高校人工智能、云计算等计算机相关专业的教材。

◆　组　　编　华为技术有限公司
　　主　　编　林新华　郑　骏
　　副 主 编　陈　瑛　夏林中　马　祥　陈　炯
　　策划编辑　左仲海
　　责任编辑　郭　雯
　　责任印制　王　郁　焦志炜
◆　人民邮电出版社出版发行　　北京市丰台区成寿寺路 11 号
　　邮编　100164　电子邮件　315@ptpress.com.cn
　　网址　https://www.ptpress.com.cn
　　天津千鹤文化传播有限公司印刷
◆　开本：787×1092　1/16
　　印张：11.75　　　　　　　　2024 年 7 月第 1 版
　　字数：291 千字　　　　　　2024 年 7 月天津第 1 次印刷

定价：59.80 元

读者服务热线：(010)81055256　印装质量热线：(010)81055316
反盗版热线：(010)81055315
广告经营许可证：京东市监广登字 20170147 号

前　言

"鲲鹏技术丛书"

《逍遥游》中有句："北冥有鱼，其名为鲲。鲲之大，不知其几千里也；化而为鸟，其名为鹏。鹏之背，不知其几千里也，怒而飞，其翼若垂天之云。是鸟也，海运则将徙于南冥。"华为技术有限公司（以下简称华为）选用"鲲鹏"为名，有狭义和广义之别。狭义的"鲲鹏"是指鲲鹏系列芯片，而广义的"鲲鹏"则指代范围很广，涵盖华为计算产品线的全部产品，包括鲲鹏系列芯片、昇腾系列 AI 处理器、鲲鹏云计算服务、openEuler 操作系统等。

"鲲鹏技术丛书"是"十四五"时期国家重点出版物出版专项规划项目图书。基于国产基础设施的应用迁移是实现信息技术领域的自主可控和保障国家信息安全的关键方法之一，本丛书正是在上述背景下创作的。丛书将计算机领域的专业知识、国产技术平台和产业实践项目相结合，通过核心理论与项目实践，培养读者扎实的专业能力和突出的实践应用能力。随着"数字化、智能化时代"的到来，应用型人才的培养关乎国家重大技术问题的解决及社会经济发展，因此以创新应用为导向，培养应用型、复合型、创新型人才成为应用型本科院校与高等职业院校的核心目标。本丛书将华为技术与产品平台用于计算机相关专业课程的教学，实现以科学理论为指导，以产业界真实项目和应用为抓手，推进课程、实训相结合的教学改革。

本丛书共 4 册，分别是第 1 册《鲲鹏智能计算导论》、第 2 册《openEuler 系统管理》、第 3 册《华为云计算技术与应用》和第 4 册《鲲鹏应用开发与迁移》。其中，第 1 册是后 3 册的基础，后 3 册之间没有严格的顺序。建议读者先阅读第 1 册打好基础，然后根据自己的学习兴趣选择对应的分册进行阅读。

本书目标

《鲲鹏智能计算导论》是"鲲鹏技术丛书"的第 1 册，本书详细介绍了鲲鹏计算的时代背景和现状，针对计算机与服务器、鲲鹏通用计算平台，以及三大鲲鹏生态中的系统软件（openEuler、openGauss、openLooKeng）、鲲鹏云计算技术、鲲鹏应用迁移与开发进行详细说明。本书以具体应用为案例，以实践内容为特色，适合 IT 相关行业的专业技术人员阅读，同时也适合应用型本科院校与高等职业院校作为教材使用。

本书目标包括帮助读者熟悉鲲鹏计算架构的原理和概念，掌握鲲鹏通用计算平台从硬件到软件的应用方法及工具，培养读者基于鲲鹏生态的实践能力。

配套资料

本书的相关配套资料可以在人邮教育社区（www.ryjiaoyu.com）下载。

编写团队

本书由华为技术有限公司组编。本书的编写团队由浙江华为通信技术有限公司的技术专家和从事相关领域研究的高校专家学者组成，团队成员发挥各自的优势，确保了本书内容具有良好的实践性、应用性与科学性。

本书的编写团队成员包括上海交通大学林新华、华东师范大学郑骏、上海杉达学院陈瑛、深圳信息职业技术学院夏林中、青海交通职业技术学院马祥、山西职业技术学院陈炯，以及浙江华为通信技术有限公司刘毅、朱亮、肖卓夫、吴兴福、杨德城、李润文等技术专家。

由于编者水平有限，书中不足之处在所难免，敬请读者海涵并不吝指正。

编者

2024 年 2 月

目　录

第1章

绪论

01

学习目标

- 了解"计算时代"1.0、2.0 和 3.0 的差异
- 了解通用计算与异构计算的区别
- 了解华为鲲鹏计算生态及其延伸知识

工业革命给人类社会带来了翻天覆地的变化，而目前以智能技术为代表的"第四次工业革命"将人工智能（Artificial Intelligence，AI）、第五代移动通信技术（Fifth Generation of Mobile Communications Technology，5G）以及生物工程等新技术逐步融入人类社会的方方面面。相比前三次工业革命，第四次工业革命对人类的影响将更广泛、更深远，将推动人类社会进入更加智能化、高效化和可持续化的新时代。

本章主要围绕"信息化时代"中与计算相关的变革展开介绍，包含计算产业发展历程、智能计算时代、鲲鹏计算生态，阐述"鲲鹏智能计算时代"的内涵。

//// 1.1 计算产业发展历程

人类已经经历了三次工业革命。第一次工业革命从蒸汽机发明开始，蒸汽机为人类生产、生活提供了源源不断的动力，让人类由农耕文明迈向工业文明，是人类发展史上的一个伟大奇迹。第一次工业革命促进了钢铁生产以及铁路交通行业的大发展。第二次工业革命的标志性事件是电的发明与使用，它将动力进一步传递到了各行各业，使得电力、钢铁、铁路、化工、汽车等重工业兴起。与此同时，石油成为主要能源，进一步促进了交通行业的迅速发展。第三次工业革命主要体现为信息技术（Information Technology，IT）的发展，短短几十年内，诞生了互联网、移动互联网等多种业务形态，极大地改变了人们的生活沟通方式，催生了很多全新的商业模式，同时造就了很多伟大的企业。

当下，全球正处于以智能技术为代表的第四次工业革命，AI、大数据、5G 及生物工程等新技术融入人类生活的方方面面。随着第四次工业革命的开启，"互联网革命"也进入了以产业互联网为主要方向的下半场，数据已成为新的生产要素，围绕数据处理和分析的计算成为一种全新的生产力。

在上述背景下，鲲鹏（Kunpeng）系列芯片应运而生，不仅在中央处理器（Central Processing Unit，CPU）领域向由英特尔（Intel）公司（以下简称英特尔）和超威半导体（Advanced Micro Devices，AMD）公司（以下简称 AMD）主导的 x86 架构发起冲锋，同时在图形处理单元（Graphics Processing Unit，

GPU）领域向英伟达（NVIDIA）公司（以下简称英伟达）和 AMD 发起挑战，旨在为用户提供更高效、更开放、更实惠的算力。

计算产业又称为计算机产业，包括计算机制造业和计算机服务业，后者又称为信息处理产业或信息服务业。随着计算产业近半个世纪的发展，IT 不断改变着社会中的各行各业。与此同时，计算产业自身也在不断发展。如图 1-1 所示，华为技术有限公司（以下简称华为）根据计算的不同特征，将计算时代划分为专用计算、通用计算和智能计算 3 个时代。

图 1-1　计算的 3 个时代

1.1.1　计算时代 1.0：专用计算

计算时代 1.0 以专用计算为特征，广泛使用大型计算机和小型计算机等专用计算设备。

该时代的主角是大型计算机和小型计算机。大型计算机又称为大型主机，最早是指装在体积较大的铁框盒中的大型计算机系统。大型计算机使用专用处理器及配套指令集、专用操作系统和专用应用软件。通常，业界提到的大型计算机特指国际商业机器（International Business Machines，IBM）公司从 System/360 开始生产的系列计算机，有时也指由几个特定厂商，如日立数据系统（Hitachi Data Systems，HDS）、阿姆达尔（Amdahl）制造的兼容计算机。

小型计算机主要指采用精简指令集处理器且综合性能及价格均介于大型计算机和微型计算机之间的一类计算机设备。小型计算机通常特指运行 UNIX 操作系统的计算机。1971 年，美国贝尔实验室发布了 UNIX 操作系统，随后 UNIX 被商业公司广泛采用，成为当时服务器的主流操作系统。小型计算机主要用于金融、证券、交通等领域，专门运行需要极高可靠性的应用。

20 世纪 80 年代以来，计算架构网络化和微型化越来越明显，传统集中式处理和主机/哑终端模式越来越不适应新的应用需求。在这种情况下，传统的大型计算机和小型计算机都陷入了市场危机，销售量急剧减少。受市场动向影响，一部分大型计算机和小型计算机的供应商顺应市场变化，放弃原有模式，加入以客户端/服务器（Client/Server，C/S）架构为主导的服务器阵营。随着时间的推移，在个人计算机（Personal Computer，PC）集群的冲击下，无法适应这种变化的小型计算机已经完全被淘汰，唯独大型计算机（特指 IBM 系列产品）一息尚存，其核心原因在于，大型计算机具备极高的可靠性、可用性和可服务性（Reliability，Availability and Serviceability，RAS）特性及输入/输出（Input/Output，I/O）处理能力。

RAS 特性具体如下：可靠性，大型计算机能长时间正常运转；可用性，大型计算机的重要数据都有备份机制，能进行一定的数据恢复，大型计算机能及时检测到可能出现的问题，并提前转移正在运行的计算任务到其他计算设备上，以减少停机时间，保持业务的持续运转，大型计算机具有实时在线维护和推迟计划性维护功能；可服务性，大型计算机能实时在线诊断，精确定位问题所在，做到准确无误地快速修复，进而快速恢复业务，降低故障影响。

1.1.2 计算时代 2.0：通用计算

1965 年，英特尔创始人戈登·摩尔提出"摩尔定律"，即"当价格不变时，集成电路上可容纳的晶体管数目大约每隔 18～24 个月便会增加一倍，性能也将提升一倍"。英特尔的通用计算机指令集 x86 架构使计算从专用走向了通用，开启了计算时代 2.0。

1978 年，英特尔推出第一代 x86 架构处理器（型号为 8086）时，无人能预见该处理器在此之后的 30 多年里会对整个信息产业产生多么巨大的影响。1981 年，8086 处理器出现在首款 PC 上。x86 是英特尔通用计算机系列的标准编号缩写，也表示一套通用的计算机指令集，x 与处理器本身没有任何关系，只是对所有型号带 86 系统的简单的通配符定义。经过多年发展，x86 架构成为 PC 的主流选择。

x86 与 i386、i486、i586、i686 等 86 系列或 80x86 泛指英特尔开发、制造的一种微处理器体系结构。最早的名称都是以数字来表示的，并以"86"结尾，包括英特尔 8086、80186、80286、80386 及 80486，因此其架构被称为 x86。根据法律要求，数字不能作为注册商标，之后英特尔在新一代处理器中使用奔腾（Pentium）作为商业名，此后陆续发布了面向移动设备的凌动（Atom）系列处理器，面向 PC 的桌面级赛扬（Celeron）、奔腾、酷睿（Core）系列处理器，面向服务器和工作站的至强（Xeon）系列处理器。在硬件技术迅速发展的同时，为保证后续使用该系列处理器的计算机能兼容之前的各类软件，以保护和继承丰富的应用软件资源，英特尔生产的处理器仍继续兼容 x86 指令集，所以后续一系列产品依然有 x86 标记且由于 x86 系列及其兼容处理器（如 AMD 的处理器）都使用 x86 指令集，奠定了 x86 处理器在当今市场中的主导地位。

在个人计算机发展的历程中，x86 架构几乎遍布整个计算生态系统，尤其是对服务器市场的发展而言，x86 架构做出了重大贡献，并最终使得 x86 服务器市场成为全球最庞大的 IT 产品市场之一。

在计算时代 2.0，计算产业迎来更加开放、标准化和小型化的巨大变革。与此同时，单一计算架构（x86 架构）也因其自身的局限带来了一些问题。

1.1.3 计算时代 3.0：智能计算

随着全球数字化进程的加速，计算正逐步走向智能化，计算设备已经不再局限于 x86 架构。无论是技术形态还是应用场景，计算都将更加丰富、多元，这就是以智能化为主要特征的计算时代 3.0。

该时代最显著的特征是计算架构从通用演变到异构。过去几十年中，计算产业的发展都遵循"摩尔定律"，CPU 计算性能提升虽然迅猛，但很多软件实际上无法最大化利用 CPU 的处理能力。虚拟化技术（Virtualization Technology）的成熟及广泛应用在一定程度上解决了这个问题。CPU 处理能力被多个虚拟机分时复用后，CPU 使用效率也提高了。但随着硅基半导体工艺和晶体管密度成为瓶颈，芯片发展所遵循的"摩尔定律"逐渐失效，在新芯片材料和架构未出现之前，需要在系统层面通过组合技术来释放系统的整体计算潜力。在这种情况下，异构计算接过了通用计算的接力棒。

从通用计算开始，计算的核心应用场景经历了从桌面互联到移动互联的变革，目前正走向万物互联。随着下一代移动互联网、物联网（Internet of Things，IoT）和云计算技术的日趋成熟，当前的应用创新频率越来越高，数量和种类也越来越多，云计算加边缘计算配合移动端载体的"端、边、云"协同方式逐渐成为主流模式，综合应用的创新与变革对计算平台提出了新挑战。自 2018 年起，全球众多厂商陆续推出基于高级精简指令集机器（Advanced RISC Machine，ARM）架构的服务器产品，打破了长期被 x86 架构主导的服务器市场。没有一个单一计算架构能满足所有应用场景、所有数据类型的处理，以往 CPU 独揽全部算力的计算平台已不再适用，CPU 加其他算力芯片的异构计算平台日渐重要。依赖单一 CPU 架构的时代已迎来变革，计算正在迈入"多样性时代"。

当前，多种计算架构同时存在，包括 CPU、数字信号处理（Digital Signal Processing，DSP）、通用处理器（General Process Unit，GPU）、AI 场景下的现场可编程门阵列（Field Programmable Gate Array，FPGA）、网络处理器（Network Processor，NP）等。其中，FPGA 是专用集成电路领域中的一种半定制电路，它弥补了定制电路的不足，又克服了原有可编程器件门电路数有限的缺点。多种计算架构的组合是满足业务多样性（如智能手机、智慧家庭、IoT、智能驾驶等场景的多样性）、数据多样性（如数字、文本、视频、图像，以及结构化数据、非结构化数据等的多样性）需求的最优解决方案。

1.2 智能计算时代

智能计算时代的根基在于万物感知、万物互联和万物智能，这代表着世界万物都可以相互连接，产生数据、交换数据、处理数据，走向数字化和智能化。智能是当前最热门的话题之一，各种智能应用层出不穷。连接、计算和云成为构成智能世界的基础设施，而计算成为加速智能世界到来的核心驱动力。计算驱动数字世界向智能世界转型，而芯片则是计算的根基。

华为在智能计算领域提供自主研发的"计算、传输、存储、管理、AI"五大类芯片，满足"端、边、云"全场景下的计算需求，并在此基础上构建全栈、全场景的解决方案，为各行业的数字化转型提供了智能计算基座。

目前，智能化已成为改变各行业产品核心竞争力的关键，谁能先用上智能技术，谁就能在产业方向领先一步。时代在进步，技术在进化，应用场景更加丰富，用户需求更加多样，需求范围也越来越大。

在智能计算时代，华为基于鲲鹏、昇腾（Ascend）等一系列产品提供"端、边、云"的全场景、多样化算力技术架构，包括在智慧城市建设中，为智能化应用提供高安全、高性价比的算力技术，以提升城市治理和社会服务水平；在智能智造中，提供智能边缘技术架构，助力制造业的"变道超车"，以实现更高效的产品制造；为万物互联提供强大的训练与推理算力，支撑"互联网 2.0"。

1.2.1 后"摩尔定律"时代

"摩尔定律"提出后的近 60 年里，计算产业的发展轨迹验证了其相对科学性，但它也有一定的局限性。2016 年 5 月，《麻省理工科技评论》刊发的《摩尔定律终结》一文提出，要使摩尔定律继续有效，就必须使用复杂的制造工艺，而该工艺高昂的成本超过了由此带来的成本节约，在更快的速度、更低的能耗和更低的成本这 3 个因素中，芯片厂商只能三选二。虽然制造工艺还有一定的提升空间，但也将在 15 年后达到极限。

在 2018 年"未来科学大奖颁奖典礼暨 F²科学峰会"上，美国加利福尼亚大学洛杉矶分校电子工程系的萨勃拉曼尼亚·斯瓦米和杰森·吴两位专家也谈到了"摩尔定律终结"的问题，其中萨勃拉曼尼亚·斯米提出使用系统级封装（System in Package，SIP）技术来实现"More than Moore"。

与此同时，业界也在积极探索碳基半导体材料，并研究其他计算技术，如量子计算、脱氧核糖核酸（Deoxyribonucleic Acid，DNA）计算、自旋波计算等，寻求后"摩尔定律"时代的发展。

1.2.2　计算产业新时代

计算产业是 IT 的基础，是每一次产业变革的驱动力，从云计算、大数据、AI 到边缘计算、物联网（the Internet of Things，IoT），都离不开强大的算力支撑。当前，随着智慧场景的增加，智慧应用越来越普及，对算力的需求也日趋多样化，不仅有端、边、云不同的场景，还有更关注性能的、更关注能耗的、更关注时延的，以及更关注产品耐受性的场景。

服务器的算力形态已经从传统应用自上而下的"前端主机-应用主机-数据库主机"的烟囱架构，发展到以共享为核心的虚拟化、云化架构，进而发展到现在的 AI 计算、边缘计算、高性能计算（High Performance Computing，HPC）。计算架构正面临越来越多不同类型的计算需求，既要能适应不同的算力需求，又要在部署、管理、运维等方面予以优化和适配。在此情形下，计算产业面临着两大挑战：一是如何突破传统服务器的算力瓶颈，二是如何有效降低运维管理成本。

如图 1-2 所示，2017 年 7 月，华为发布"无边界计算"服务器战略，助力计算产业新时代，具体从以下 3 个方面阐述如何打破原有边界。

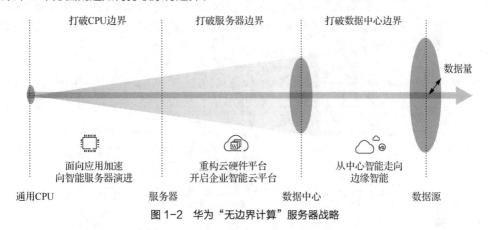

图 1-2　华为"无边界计算"服务器战略

（1）打破 CPU 边界：加大在芯片和加速部件上的投入，面向各个系统及应用，打破原有单一 CPU 完成全部处理任务的模式，优化、加速整个系统。同时，通过服务器的智能能力，让用户更加便捷地使用、维护、管理服务器资源和数据中心（Data Center，DC）资源。

（2）打破服务器边界：从服务器智能逐渐实现数据中心智能，主要涉及两方面：一方面，在异构计算资源层面提供异构资源调度的能力，该能力已经部署在华为云上，用户可以很方便地根据自身应用特点来调用相应的计算资源，以支持其各种 AI 应用；另一方面，在数据中心层面提供整体方案的能力，包括数据中心的能源基础设施层（L1）、信息通信技术（Information and Communication Technology，ICT）基础设施层（L2）、平台及应用层（L3）等各层面，与能源基础设施层的联动可以让用户更便利地管理数据中心，优化能源消耗，降低维护成本，满足低碳要求。

（3）打破数据中心边界：从中心智能向边缘智能拓展，即从集中的中心资源架构转向边缘计算架构，让边缘节点具备更强的计算能力，实现"边、云"协同。

华为智能计算通过加速部件来实现整个系统的性能优化，从计算到数据读写，再到网络的各个环节，都有相应的加速部件来实现系统层面的优化，具体包括以下 3 个层面。

（1）处理器层面：通过节点互连控制器，实现多个 CPU 互连、协同工作。

（2）数据读写层面：通过研发智能固态硬盘（Solid State Disk，SSD）控制器，提升读写 I/O 性能、降低读写时延。

（3）网络层面：通过研发智能网络控制器，把之前需要在 CPU 上完成的工作移交给网络控制器，从而提升系统整体性能。

1.3 鲲鹏计算生态

鲲鹏计算生态是基于鲲鹏处理器的基础软硬件设施、行业应用及服务，涵盖从底层硬件、基础软件到行业应用的全产业链条。面向智能计算时代，华为和行业参与者一起构建鲲鹏计算生态，共同为各行业提供基于鲲鹏处理器的领先 IT 基础设施及行业应用。

如图 1-3 所示，鲲鹏计算生态包括以下 4 个方面：底层硬件方面，围绕鲲鹏处理器，包括昇腾 AI 芯片、智能网卡芯片、基板管理控制器（Baseboard Management Controller，BMC）芯片、SSD、独立磁盘冗余阵列（Redundant Arrays of Independent Disks，RAID）卡、主板等部件以及 PC、服务器、存储器等整机产品；基础软件方面，涵盖操作系统、虚拟化软件、数据库、中间件、存储软件、大数据平台、数据保护和云服务等基础软件及平台软件；应用使能方面，涵盖各类性能测评标准，如服务器性能、数据库性能、超算性能；行业应用方面，涵盖政府、金融等行业应用，提供全面、完整的技术方案。

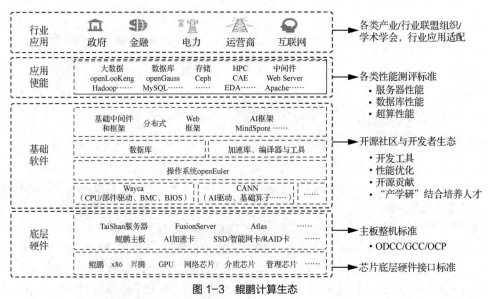

图 1-3　鲲鹏计算生态

1.3.1 鲲鹏计算硬件体系概览

鲲鹏计算硬件体系如图 1-4 所示，包括智能加速引擎、智能管理引擎、鲲鹏通用计算平台、Atlas 人工智能计算平台以及基于鲲鹏底座的场景化应用方案。

智能加速引擎和智能管理引擎包含华为自研的 SSD 和智能网卡，以及跨平台管理的 FusionDirector 智能管理软件。

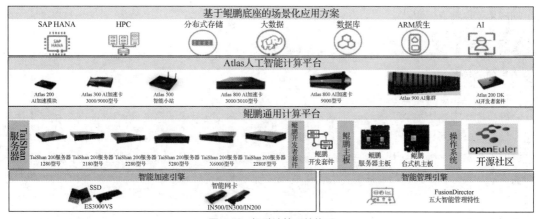

图 1-4　鲲鹏计算硬件体系

鲲鹏通用计算平台包括鲲鹏处理器的 TaiShan 服务器、鲲鹏开发套件（Kunpeng DevKit）、鲲鹏主板和开源系列软件。其中，TaiShan 服务器是华为自有品牌产品，而鲲鹏主板用于供应给参与鲲鹏计算生态建设的合作厂商。

Atlas 人工智能计算平台可为不同应用场景提供 AI 算力，包括板卡部件级产品 Atlas 200/300 系列、小型工作站 Atlas 500 系列、边缘和数据中心 Atlas 800 系列、集群产品 Atlas 900 系列等。

1.3.2　鲲鹏开源软件概览

华为已发布三大鲲鹏开源软件：openEuler 操作系统、openGauss 数据库、openLooKeng 数据虚拟化引擎。

1. openEuler 操作系统

操作系统 EulerOS 的名称源自著名数学家莱昂哈德·欧拉，它是一款基于 Linux 内核的操作系统，支持 x86 和 ARM 等多种处理器架构。在十多年的发展历程中，EulerOS 始终以安全、稳定、高效为目标，成功支持了华为的计算产品和解决方案，成为国际上颇具影响力的操作系统。EulerOS 在华为内部已有十多年的技术积累，广泛应用于华为内部产品，并且华为已基于对鲲鹏处理器的深刻理解，在性能、可靠性、安全性等方面对其进行了深度优化，以保证这一操作系统为鲲鹏计算生态提供足够的支撑。

为促进鲲鹏计算生态建设，华为将 EulerOS 开源为 openEuler，简称"欧拉"，它适用于数据库、大数据、云计算、AI 等应用场景，同时，它也是一个面向全球的操作系统开源社区。

2021 年 11 月 9 日，在北京举行的"操作系统产业峰会 2021"上，华为携手社区全体伙伴带来操作系统产业的最新进展和欧拉系列发布，包括欧拉捐赠；首批欧拉生态创新中心正式启动；欧拉人才发展加速计划正式发布等。自此开始，openEuler 成为开放原子开源基金会（OpenAtom Foundation）孵化及运营的开源项目。

openEuler 操作系统主要面向服务器，通过创新架构、全栈优化，打造全场景协同的统一操作系统，为多样化架构释放算力。openEuler 的主要组件包括基础加速库、虚拟化、内核、驱动、编译器、操作系统工具、OpenJDK 等，具体介绍如下。

（1）应用中间层

应用中间层提供了多种类型的中间件，提供数据库、桌面、机密计算等系统软件，支持 openEuler

上的应用软件共享资源。

（2）运行时及加速库层

运行时及加速库层提供了程序运行时库（如华为毕昇 JDK）和加速库。其中，JDK 是 Java 开发工具包的简称。

（3）虚拟化及容器层

虚拟化及容器层提供了虚拟化和容器能力，用户可以根据需求选择使用。iSulad 通用容器引擎是一种新容器技术，可提供统一架构设计来满足通信技术（Communication Technology，CT）和 IT 领域的不同需求。相比使用 Go 语言编写的开源容器引擎 Docker，iSulad 通用容器引擎使用 C/C++ 语言实现，具有轻、灵、巧、快的特点，不受硬件规格和架构的限制，底噪开销更小，应用领域更为广泛。

（4）内核层

内核层为应用程序提供了多种对计算机硬件进行安全访问的系统调用，负责管理系统的进程、内存、设备驱动程序、文件和网络系统等。

2. openGauss 数据库

数据库是计算机的核心基础软件，几乎所有应用软件的运行和数据处理都要与数据库进行交互。数据库作为企业关键数据、核心业务的承载体，其创新性及领先性能够在很大程度上帮助企业提升其产品及服务的竞争力。openGauss 作为一款开源数据库产品，在鲲鹏计算生态中起着核心作用。

openGauss 是一款开源关系数据库管理系统（Relational Database Management System，RDBMS），采用木兰宽松许可证 v2 发行，支持鲲鹏和 x86 处理器，支持 openEuler、Ubuntu 等 Linux 操作系统。openGauss 的内核源自 PostgreSQL。openGauss 深度融合华为在数据库领域多年的经验，结合企业级场景需求，持续构建竞争力特性。同时，它作为一个开源、免费的数据库平台，鼓励社区贡献与合作。

openGauss 是典型的单机数据库，支持一主多备部署，最多可支持 8 台备机。其系统架构如图 1-5 所示，业务数据存储在单个物理节点上，数据访问任务被推送到服务节点执行，通过服务器的高并发，实现对数据处理的快速响应。同时，可以通过日志复制把数据复制到备机上，提供数据的高可靠性和读扩展能力。

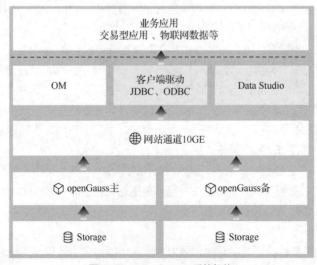

图 1-5　openGauss 系统架构

（1）业务应用

openGauss 数据库适用于高并发、大数据量、以联机事务处理为主的交易型应用，以及操作与分析并重的 IoT 应用。

（2）OM

运维管理（Operations Management，OM）提供数据库日常运维、配置管理的管理接口和工具。

（3）客户端驱动

客户端驱动负责接收来自应用的访问请求，并向应用返回执行结果；负责与 openGauss 实例通信，发送应用的结构查询语言（Structure Query Language，SQL）命令，接收 openGauss 实例的执行结果；推荐使用 Java 数据库互连（Java Database Connectivity，JDBC）/开放式数据库互连（Open Data Database Connectivity，ODBC）。

（4）Data Studio

Data Studio 是客户端连接工具，通过图形用户界面展示数据库功能，简化数据库开发和应用。

（5）openGauss

openGauss 负责存储业务数据、执行数据查询以及向客户端返回执行结果。

（6）Storage

Storage 是服务器的本地存储资源，可持久化存储数据。

3. openLooKeng 数据虚拟化引擎

openLooKeng 的 LooKeng 取自我国著名数学家华罗庚的英文名（威妥玛拼写）Loo-keng Hua。同时，LooKeng 的发音也与英文 Looking 相近，意为查询、分析各种数据，使大数据分析更简单。

openLooKeng 是一个"开箱即用"的引擎，支持在任何地点（包括远程数据源）对任何数据进行原位分析。它通过 SQL 2003 接口提供所有数据的全局视图。openLooKeng 具有高可用性（High Availability，HA）、自动伸缩特性，支持内置缓存和索引等功能，为企业级工作负载提供所需的可靠性。

openLooKeng 能支持数据探索、即席查询和批处理等操作，具有 100+毫秒～1 分钟级的近实时时延且无须移动数据。openLooKeng 还支持层次化部署，使地理上远程的 openLooKeng 集群能参与同一个查询。利用跨区域查询的优化能力，openLooKeng 使远程数据的查询可以接近本地查询的性能。

openLooKeng 使用业界著名的开源 SQL 引擎 Presto 来提供交互式查询、分析能力，并在融合场景查询、跨数据中心/云、数据源扩展、性能、可靠性、安全性等方面深耕，让数据治理与使用更简单。

1.3.3 鲲鹏云计算技术概览

过去 10 年，基于云技术而衍生其商业形态的互联网公司主导了第一波浪潮，开创了敏捷、创新、体验好、成本低的"云时代"。接下来是"云+AI+5G"的时代，企业需要多元化云服务架构。云服务已成为企业数字化转型所必需的技术架构。

2019 年 7 月，华为云宣布，基于鲲鹏的首批鲲鹏云基础服务和鲲鹏凌云伙伴计划正式发布，向产业全面释放鲲鹏新算力，加速企业创新升级。华为云发布的第一批基础云服务包括鲲鹏裸金属服务器（Bare Metal Server，BMS）、鲲鹏弹性云服务器（Elastic Cloud Server，ECS）、鲲鹏 Kubernetes 容器和鲲鹏 Serverless 容器，通过不同颗粒度的基础云服务，满足用户多样化的应用和部署要求。

如图 1-6 所示，华为鲲鹏云基于鲲鹏处理器、存储控制、网络控制、板载管理、AI 等多元化芯片，构建以 TaiShan 服务器、华为存储、华为网络设备等为基础设施的智能云数据中心。在数据中心中运行基于瑶光智慧云脑技术的云操作系统，实现了鲲鹏虚拟化、鲲鹏智能资源调度、鲲鹏热迁移、AI 算力，以及服务质量（Quality of Service，QoS）等众多云计算能力。华为鲲鹏云提供的鲲鹏 ECS、鲲鹏 BMS、鲲鹏容器、鲲鹏关系数据库服务（Relational Database Service，RDS）、鲲鹏缓存服务（简称鲲鹏 Redis）、鲲鹏 MapReduce 服务（MapReduce Service，MRS）、鲲鹏数据仓库服务（Data Warehouse Service，DWS）等鲲鹏系列云服务，为用户的大数据、AI、ARM 原生应用（云手机/云游戏）、HPC 等应用场景提供高效支撑。

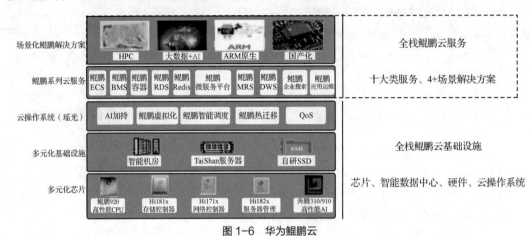

图 1-6　华为鲲鹏云

1.3.4　鲲鹏社区及三大开源社区

鲲鹏社区是华为为鲲鹏开发者提供的一站式资源获取和技术交流平台，提供完善的软件资源、技术知识、产品方案、生态政策、交易平台，汇聚全栈的资源和经验，以帮助鲲鹏开发者、技术爱好者的技能增长。与此同时，openEuler、openGauss 和 openLooKeng 三大开源社区通过开放社区形式与全球开发者共同构建开放、多元和架构包容的软件生态体系。

第2章

计算机与服务器

学习目标

- 了解计算机和服务器的硬件发展历程
- 了解计算机结构
- 了解服务器常见性能指标，掌握性能测试工具的使用方法

    计算机是一种使用 IT 高效完成信息处理的电子设备，其核心功能是按照程序要求完成信息的存储及处理。在"IT 时代"，计算机早已深入各个行业领域，成为不可或缺的工具。一般提到的计算机是指电子数字计算机，其确切定义是一种以电子器件为基础，不需要人工直接干预就能自动、精确、高效地对各种信息进行存储和处理的工具，是一种由硬件和软件共同构成的自动化设备。

    本章首先从计算机的发展和基础概念出发，对比"服务器"这一类计算产业中的核心产品，然后讲解计算机硬件和软件的基本构成，让读者对服务器有深入的了解和认识，最后介绍服务器的关键性能指标及基本测试方法。

2.1　服务器发展概述

    计算机是 20 世纪的一项重要的科学技术发明，它彻底改变了人类社会的生产和生活方式。计算机的逻辑元器件从早期的电子管到晶体管，再到集成电路经历了几个发展阶段，服务器这一类特定用途的计算机也随之迅速发展。本节主要介绍计算机硬件和服务器硬件的发展历程、服务器的类型和发展趋势，以及当前主流服务器的分类等。

2.1.1　计算机硬件的发展历程

    1942 年，美国宾夕法尼亚大学研发出世界上第一台电子数字计算机——电子数字积分计算机（Electronic Numerical Integrator And Computer，ENIAC），共采用约 18000 个电子管，能耗约为 150kW，重约 30t，每秒能做 5000 次加法运算。尽管 ENIAC 存储容量较小且工作可靠性一般，但作为人类历史上第一台电子数字计算机，它的出现有着划时代的意义。

    在 ENIAC 诞生后，计算机性能发生了巨大变化。业内习惯把计算机的发展阶段划分成不同"代"，但没有统一的划分标准。主流划分方式是按照计算机采用的逻辑元器件的不同来划分的。

    第一代：电子管计算机。这一代计算机的基本特点是采用电子管作为逻辑元器件，采用水印延迟线和阴极射线管等材料作为主存储器，用穿孔卡作为辅助存储器，运算速度为每秒几千次到上万次。这一代计算机的体积非常庞大，运算速度低且造价高，最具代表性的是冯·诺依曼参与设计的

存储程序计算机——离散变量自动电子计算机（Electronic Discrete Variable Automatic Computer，EDVAC），主要用于军事和科学领域。

第二代：晶体管计算机。这一代计算机采用晶体管作为逻辑元器件，采用磁性材料作为主存储器（磁芯存储器），利用磁鼓和磁盘作为辅助存储器，硬件能实现浮点算术运算，运算速度则提升至每秒几万次到几十万次。这一代计算机的可靠性和计算能力大大提高了，能耗也降低了不少，因此市场上出现了中小型计算机。与此同时，计算机软件有了进一步提升，出现了 Fortran、COBOL、ALGOL 等一系列高级程序语言，简化了程序设计，最重要的是操作系统在这个阶段也初见雏形。

第三代：集成电路计算机。这一代计算机使用中小规模集成电路作为逻辑元器件，主要采用硅基半导体作为主存储器。由于硅基半导体技术突飞猛进，集成电路的制造工艺可以将更多电子元器件组成的逻辑电路集成到一个指甲盖大小的单晶硅片上，硬件运算速度也达到了每秒几十万次到几百万次。这一代计算机运算精度高、存储容量大，性能比第二代有了更大的提升。最重要的是，这个阶段的高级程序语言有了更大的发展，操作系统的功能也日趋完善，计算机在科学计算、数据处理等多个领域得到广泛运用。

第四代：大规模集成电路计算机。这一代计算机采用大规模或者超大规模集成电路技术，运算速度达到每秒上千万次至上亿次。从 20 世纪 70 年代开始，微处理器和微型计算机也相继问世，计算机的应用领域日益广泛。尤其是 1985 年以后，随着微型计算机的快速普及，局域网和广域网技术也迅速发展，计算机应用走向了网络化。

第五代：新一代计算机，也称第 5 代计算机，指采用巨大规模集成电路，运算速度达到每秒几十亿次以上的计算机，计算类型也从数值计算发展到知识推理，计算机程序设计语言也向标准化、模块化、产品化的方向发展。

第六代：随着硅基半导体技术逐渐达到物理极限，整个计算行业都在研发基于新器件和新体系的下一代计算机，如量子计算机、神经网络计算机、生物计算机等，目前已经取得了阶段性进展。

2.1.2　服务器硬件的发展历程

服务器有两种定义，一种是硬件，另一种是软件。硬件的定义是指那些具有较高计算能力，能提供给多个用户使用的计算机硬件；而软件的定义是指能够管理硬件资源并为用户提供服务的计算机软件，如文件服务器、数据库服务器和应用程序服务器等。

本书中提到的服务器是指计算机硬件。相对于 PC，服务器通常需要 7×24 小时全天候不间断运行，这需要高可靠性、高可用性、高可服务性技术的支撑。服务器使用的 CPU、芯片组、内存、磁盘系统、网络等硬件也和 PC 有所不同。

第 1 章曾提到，计算经历了专用计算、通用计算和智能计算 3 个时代。

专用计算时代：采用大型计算机和小型计算机这一类的计算硬件，用于执行计算任务。这个时代的计算机相对体积较大，使用专用操作系统和专用应用软件。

通用计算时代：从 1978 年英特尔推出第一代 x86 架构处理器之后，x86 架构使计算由专用走向了通用。这个时代也是计算机网络技术突飞猛进的时期，浏览器/服务器（Browser/Server，B/S）和 C/S 架构被广泛应用，"服务器"这个名词也被大规模使用。

智能计算时代：没有一个单一的计算架构能满足所有应用场景以及所有数据类型的处理，依赖单一 CPU 计算架构的时代即将变革。在这个时代，各种 CPU、DSP、GPU、AI 芯片、FPGA 等不同计算架构同时存在。多种计算架构共存的异构计算可满足业务和数据的多样性需求，这个时代的服务器的特点是，除 CPU 之外，还会搭载各种异构芯片。

2.1.3 服务器软件的发展历程

计算机系统由硬件和软件组成，硬件是计算机的基础，软件是计算机的"灵魂"，解决具体的计算问题必须依赖相应的软件。

软件是指一系列按照特定顺序组织的计算机数据和指令的集合，即数据和程序，其范围非常广泛，是发挥计算机硬件功能的关键。计算机软件可分为系统软件和应用软件两大类，其中系统软件又可细分为操作系统、各类服务性程序、语言处理程序等。因此，服务器软件主要包括服务器操作系统和服务器应用软件两种类型。

1. 服务器操作系统

服务器操作系统需要管理和利用服务器硬件的计算能力，并提供给服务器软件使用。目前，主流的服务器操作系统有 3 种：UNIX、Linux 和 Windows Server。

（1）UNIX：UNIX 由 AT&T 公司推出，主要用于支持大型文件系统服务、数据服务等。市面上曾经出现的 UNIX 主要有 SCO SVR、Sun Solaris、IBM AIX、HP-UX、FreeBSD 等。当前，在金融领域还有少量 IBM 小型计算机和 HP 小型计算机，使用的正是 IBM AIX 和 HP-UX。

（2）Linux：Linux 的创始人是莱纳斯·托瓦尔兹，他从开始编写操作系统内核时就考虑与 UNIX 相兼容，因此几乎所有 UNIX 的工具都可以运行在 Linux 上。这种类 UNIX 操作系统可以看作 UNIX 的分支，基本都是为服务器设计的。常见的 Linux 发行版有 Red Hat、SUSE、Debian、CentOS、Ubuntu 等。当前，在服务器上，Linux 占据了绝对份额，越来越多的互联网应用都部署在 Linux 上。

（3）Windows Server：微软公司（以下简称微软）发行的 Windows Server 版本。迄今为止，微软发行的 Windows Server 版本有 Windows NT 系列、Windows 2000 Server 系列、Windows Server 2003 系列、Windows Server 2008 系列、Windows Server 2012 系列、Windows Server 2016 系列，以及 Windows Server 2019/2022 系列。总体而言，Windows Server 能够提供相对稳定的运行环境和较容易维护的图形用户界面，广泛适用于中小型规模的应用。

2. 服务器应用软件

服务器应用软件主要是为了满足各种实际服务业务需求而研发的，通常使用 C/S 架构或者 B/S 架构。按照应用场景不同，服务器应用软件有以下类型。

（1）网页服务器：提供动态或者静态的 Web 服务，一般安装 Apache、Lighttpd、Nginx 等网页服务端程序。

（2）文件服务器：主要用于文件的存放、归档及共享等。例如，Linux 操作系统下支持文件传输协议（File Transfer Protocol，FTP）服务的 vsftp 软件。

（3）数据库服务器：提供数据库服务，若安装 openGauss、MySQL、PostgreSQL、SQL Server、MongoDB、Redis 等数据库，则可能是高可用的主备架构或双活架构。

（4）电子邮件服务器：提供电子邮件（E-mail）功能服务，一般安装 Sendmail、Postfix、Qmail、Microsoft Exchange 等电子邮件服务应用软件。

（5）域名服务器：提供域名解析服务，一般安装伯克利互联网名称域（Berkeley Internet Name Domain，BIND）等域名服务（Domain Name Service，DNS）软件，其角色可能是局域网内部的 DNS 服务器，也可能是承载互联网的 DNS 服务器。

（6）大型应用服务器：通常在企业中承载办公自动化（Office Automation，OA）、企业资源规划（Enterprise Resource Planning，ERP）、客户关系管理（Customer Relationship Management，CRM）、财务软件或者行业特殊大型应用软件，一般安装企业级应用软件的服务端程序。

由于应用场景的多种多样，应用软件的需求也是多种多样的。除以上常见应用外，还有提供代理服务、缓存服务、管理服务、在线游戏、流媒体视频等各类应用的服务器，其核心特点都是基于服务器操作系统开发的，一般为 C/S 或 B/S 架构，能提供稳定、高效、高性能的应用服务。

2.1.4 服务器的类型和发展趋势

如图 2-1 所示，服务器的类型可以从应用层次、处理器架构、用途，以及机箱结构 4 个不同角度来划分。

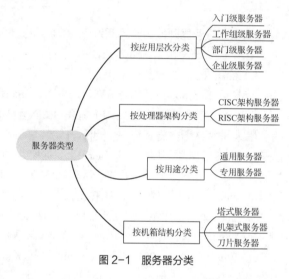

图 2-1 服务器分类

1. 按应用层次分类

（1）入门级服务器

入门级服务器通常只使用 1 个处理器，并根据需要配置相应大小的内存（一般为 256MB）和大容量串行先进技术总线附属接口（Serial Advanced Technology Attachment Interface，SATA）硬盘，必要时也会采用 RAID 技术（一种磁盘阵列技术，用于保证数据的可靠性和可恢复性）进行数据保护。入门级服务器可以满足中小型网络（如小规模公司）用户的文件共享、打印服务、数据处理及简单数据库应用的需求，也可以在小范围内完成 E-mail、DNS 等网络服务。

（2）工作组级服务器

工作组级服务器一般支持 1 或 2 个处理器，可支持大容量的差错校验（Error Checking and Correction，ECC）内存，功能全面、可管理性强、易于维护。其中，ECC 是一种内存容错技术，多用于服务器上。工作组级服务器具备小型服务器所必备的各种特性，如采用小型计算机系统接口（Small Computer System Interface，SCSI）总线 I/O 系统，采用对称多处理器结构（Symmetric Multi-Processor，SMP），可搭配 RAID 卡、热插拔硬盘、热插拔电源等提升可用性和可靠性的组件或架构，可为中小企业提供网页、E-mail、数据库等服务，也能用于学校的校园信息化和多媒体教室建设。通常情况下，如果应用不复杂，没有大型数据库或者重资源消耗性应用需要部署，使用工作组级服务器就可以满足要求。国产服务器的质量已与国外品牌旗鼓相当，在中低端产品上，国产品牌的性价比更具优势，因此中小企业可以优先考虑选择国产品牌。如果企业的关键业务比较复杂、数据流量比较大，则在资金允许的情况下，可以考虑选择部门级或企业级服务器来承载关键业务。

（3）部门级服务器

部门级服务器通常可以支持 2～4 个处理器，具有较高的可靠性、可用性、可扩展性和可管理性。这种类型的服务器集成了大量的监测及管理电路，具有全面的服务器管理能力，可监测如温度、电压、风扇转速等状态参数。结合配套的服务器管理软件，部门级服务器可以使管理人员及时了解服务器的工作状况。同时，大多数部门级服务器具有优良的系统可扩展性，当业务量迅速增大时，用户能在不停机的情况下升级系统。部门级服务器是企业网络中分散的各基层数据采集单位与最高层数据中心保持顺利连通的必要设备，适合中型企业用作数据中心、Web 站点、数据库等应用服务器。

（4）企业级服务器

企业级服务器属于高端服务器，可支持 4～8 个处理器，拥有独立的双外围组件互连（Peripheral Componet Interconnect，PCI）通道和内存扩展板设计，具有高内存带宽、大容量热插拔硬盘和热插拔电源，以及超强的数据处理能力。这类服务器具有高度的容错能力、优异的可扩展性能和系统性能、极长的连续运行时间，能在很大程度上保护用户投资，可用作大型企业的数据库、高负载应用服务器。企业级服务器主要适用于需要处理大量数据、高处理速度和对可靠性要求极高的大型企业和重要行业（如金融、证券、交通、邮政、通信等），可提供 ERP、电子商务、数据仓库、云计算、OA 等服务。

2. 按处理器架构分类

（1）CISC 架构服务器

在复杂指令集计算机（Complex Instruction Set Computer，CISC）微处理器中，程序的各条指令是按顺序执行的，每条指令中的各个操作也是按顺序执行的。顺序执行的优点是控制简单，但计算机各部分的利用率不高，执行速度慢。

常见的使用 CISC 架构的处理器有以下 3 类。

① 英特尔的 x86/x64 架构系列：奔腾、酷睿、志强系列。

② AMD 的 x86 架构系列：锐龙、AMD FX、APU、速龙和闪龙系列。

③ x86 指令授权系列：中科曙光的海光、上海兆芯集成电路股份有限公司的兆芯系列。

（2）RISC 架构服务器

精简指令集计算机（Reduced Instruction Set Computer，RISC）的指令系统相对简单，它只要求硬件执行有限且常用的那部分指令，大部分复杂的操作则使用成熟的编译技术，由简单指令组成。

常见的使用 RISC 架构的处理器有以下 3 类。

① ARM 系列：苹果公司（以下简称苹果）的 M1 和 M2、华为的鲲鹏处理器、天津飞腾信息技术有限公司的飞腾处理器。

② MIPS 系列：龙芯中科技术股份有限公司的龙芯系列处理器。

③ RISC-V 系列：RISC-V 是开源指令集，允许任何人设计、制造芯片，如中国科学院的"香山"系列处理器、阿里巴巴旗下的玄铁系列处理器。

3. 按用途分类

（1）通用服务器

通用服务器不是为某种服务专门设计的，它可以根据需要提供各种不同的服务功能，市面上常见的大多数服务器属于通用服务器。这类服务器因为不是专为某一功能而设计的，所以在设计时就要兼顾多场景应用的需要，服务器的结构相对较为复杂。

（2）专用服务器

专用（或称"功能型"）服务器是专门为某一种或某几种特定功能设计的服务器，如存储归档服务器主要用于存放归档文件、镜像文件等。该类服务器在性能上需要有与之相匹配的功能，例如，需要配备大容量、高速的硬盘以及专门的文件归档管理软件，如 FTP 服务器主要用于文件传输，因此对服务器的硬盘稳定性、存取速度、I/O 带宽方面有较高要求，而 E-mail 服务器则要求服务器网络接入速率高、硬盘容量大。这些专用服务器的性能要求相对较低，因为它只需要满足应用的特定需求即可，所以结构相对简单。通常，该类服务器采用了双路 CPU，通过软件层的高可用架构来满足可靠性需求。

4. 按机箱结构分类

（1）塔式服务器

塔式服务器采用的机箱是立式的，一般使用大容量机箱，其外观类似于大柜子，有的与立式 PC 机箱大小相当。入门级和工作组级服务器因为功能需求不多，内部结构需求比较简单，所以常采用这种机箱结构。塔式服务器的功能、性能基本上能满足大部分小微型企业用户的要求，其成本通常比较低，因而在服务器市场中占有一定份额，具有广泛的应用支持。

优点：塔式服务器的外形及结构和立式 PC 机箱差不多。因为服务器的主板可扩展性较强，插槽较多，所以其体积比普通主板大，塔式服务器的机箱也比标准的高级技术扩展（Advanced Technology Extended，ATX）机箱大，一般会预留足够的空间以便日后扩展。由于塔式服务器的机箱较大，服务器的配置也可以很高，冗余扩展可以很齐备，所以它的应用范围非常广。塔式服务器是非数据中心场景下使用较广泛的服务器。

缺点：常见的入门级和工作组级服务器基本上都采用这种机箱结构。但是由于只有一台主机，即使进行升级，扩展也有限。在一些特定应用场景下，单机服务器无法满足要求，需要多机协同工作，而塔式服务器体积较大、独立性较强，多机协同工作时在空间使用和系统管理上都很不方便。

（2）机架式服务器

机架式服务器多为矩形盒子外观，看起来像一个抽屉。图 2-2 所示为华为 TaiShan 200 Pro 服务器（型号 2280）系列机架式服务器。其宽度为 19 英寸（1 英寸≈25.4mm），高度以 U（1U=1.75英寸≈44.45mm）为单位，通常有 1U、2U、3U、4U、5U、7U 等标准的服务器。机柜尺寸采用通用工业标准，通常为 22U 到 42U；机柜内部设有可拆卸的滑动拖架，按照标准的 U 高度进行布置，用户可以根据自己服务器的高度灵活调节机柜的高度，以存放服务器、网络设备、磁盘阵列柜等设备。服务器摆放好后，所有 I/O 线全部从机柜的后方引出（大多数机架式服务器的主要接口也在机柜的后方），统一安置在机柜线槽中，一般会贴上标号，便于管理。另外，很多专业网络设备，如交换机、路由器、硬件防火墙等也采用机架式结构。

图 2-2　华为 TaiShan 200 Pro 服务器（型号 2280）系列机架式服务器

优点：机架式服务器的外观按统一标准设计，配合机柜统一使用，可以将其看作一种结构优化的塔式服务器，其设计宗旨主要是在尽可能小的空间内提供更多计算资源。

缺点：机架式服务器的空间比塔式服务器小，所以这类服务器在可扩展性和散热上受到一定限制，配件也要经过筛选，一般无法实现太全面的设备扩展，所以单机性能有上限，应用范围也比较受制约，只能专注于某一类应用，如 Web 服务、远程文件存储等。如果需要提供更高的性能或者可靠性，则机架式服务器往往还会依赖多台服务器配合高可用软件来实现。

（3）刀片服务器

刀片服务器概括来说是一种高可用高密度（High Availability High Density，HAHD）的服务器平台，是专门为特殊行业应用和高密度计算机环境设计的。其中，每一块刀片实际上就是一块系统母版，类似于一个独立服务器。在独立模式下，每一块母版运行自身安装的系统，服务于指定用户群，相互之间没有关联。可以使用系统软件将这些母版集合成一个服务器集群。在集群模式下，所有母版都可以连接起来提供高速网络环境，可以共享资源，为相同的用户群服务。图 2-3 所示为华为 E9000 系列刀片服务器。

图 2-3　华为 E9000 系列刀片服务器

当前市场上的刀片服务器主要有两大类：一类为电信行业设计，接口标准和尺寸规格符合工业计算机制造商集团（PCI Industrial Computer Manufacturer's Group，PICMG）1.x 或 2.x，未来还将推出符合 PICMG 3.x 的产品，采用相同标准的不同厂商的刀片和机柜在理论上可以互相兼容；另一类为通用计算设计，接口可能采用了上述标准或厂商标准，但尺寸规格是厂商自主设定的，更注重性价比，通常提供给互联网数据中心或者网络服务提供商使用。

优点：刀片服务器适用于数字媒体、医学、航天、军事、通信等多个领域。其中，每一块刀片实际上就是一块系统主板，可通过本地硬盘启动本刀片上的操作系统，类似于一个独立服务器。

在刀片机框集群中插入新的"刀片"，就可以提高整体性能。因为每块"刀片"都是热插拔的，所以独立系统可以轻松地进行替换操作，并且业务维护时间可减少到最短。一个机框中的服务器可以通过新型的智能基于内核的虚拟机（Kernel-based Virtual Machine，KVM）转换板共享一套键盘、鼠标和显示器，以访问多个刀片节点，从而便于升级、维护和访问服务器上的文件。

缺点：刀片服务器的高密度导致的散热问题是制造商不得不解决的一个关键问题，同时由于其单位空间内集成了多种功能模块，对维护人员综合技能要求及维护成本提出了更高的挑战。

服务器发展趋势主要有 3 个方向，如图 2-4 所示。一是横向扩展（Scale Out），通过分布式架构，将工作任务分配给多台服务器进行处理，这一类场景要求具备高密度、大规模扩展、节能、统一管理的能力；二是纵向扩展（Scale Up），提升单台服务器的性能、可扩展性、高可靠性、高可用性，适用于金融交易、科学研究、气象分析等领域；三是超融合（Hyper-converged），将计算、存储、网络、管理放到一个箱子中，达到高度融合、优化性能、简单易用的目的。

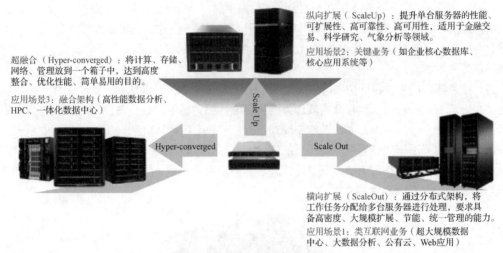

图 2-4　服务器发展趋势的 3 个方向

2.1.5　华为智能计算产品

华为服务器在架构设计、能耗、性能、管理及可用性上不断创新，以满足用户对服务器不断增长的需求。华为截至 2021 年一季度公开的智能计算产品全家福包括以下 3 类。

（1）x86 计算平台（FusionServer Pro 智能服务器）

x86 计算平台包括机架式服务器、X 系列高密服务器、E 系列刀片服务器、KunLun 系列关键业务服务器。其中包括支持高密和刀片的液冷部件（注意：自 2021 年 12 月起，x86 计算平台相关产品已经转让给超聚变数字技术有限公司）。

（2）鲲鹏通用计算平台

鲲鹏通用计算平台包括鲲鹏服务器主板、TaiShan 系列机架式服务器和 TaiShan 系列高密服务器。

（3）昇腾 AI 计算平台

昇腾 AI 计算平台包括模块形态的 Atlas 200 DK 及 200 系列、卡形态的 Atlas 300 推理/训练系列、边缘场景的 Atlas 500/500 Pro 系列、机架形态的 Atlas 800 推理/训练系列，以及集群形态的 Atlas 900 系列。

华为智能计算产品还包括各个平台通用的智能网卡、SSD 及智能管理引擎软件等。另外，在鲲鹏通用计算平台中还有单独的开源社区软件和鲲鹏开发工具软件套件。

2.2　计算机结构

计算机是由硬件和软件组成的，而硬件和软件又各自包含很多组件，因此学习和使用计算机需要用到分层的思想，即将计算机划分为不同的层次进行理解。

2.2.1　计算机的基本结构

计算机的基本工作原理如下：计算机运行时，从内存中读取第一条指令，通过控制器译码，根据指令的要求，从内存中取出数据进行指定的运算和逻辑操作，再把得到的结果送回内存中。接下来处理第二条指令，重复上述步骤直至遇到停止指令。

为帮助读者更好地理解计算机这一概念，先来看一下当前业界对计算机的定义：计算机是一种可以在程序控制下接收输入、处理数据、存储数据并产生输出的电子装置。有许多人把计算机叫作"电脑"，是指计算机可作为人脑功能的扩展和延伸。

早期，计算机主要用于数值计算，因此沿用了"计算机"这个名称。而现在，计算机不仅能作为计算工具进行数值计算，还能进行信息处理。随着计算机技术的发展、应用领域的扩大，计算机更多地用于信息处理。在使用"计算机"这个名称时，需要对计算机的含义有比较全面的理解。

与其他计算装置相比，计算机具有以下 3 个特征。

（1）基本器件由电子器件构成。

现代计算机使用基于数字电路的工作原理。从理论上讲，计算机处理数据的速度只受电信号的传播速度限制，因此，计算机可以达到很高的运行速度。

（2）具有内部存储信息的能力，内部信息以二进制表示。

数字电路中只有"0"和"1"两种脉冲信号，为了方便硬件设计，计算机内部的信息以二进制表示。由于具有内部存储能力，不必每次都从外部获取数据，可以使处理数据的时间减少到最短，并使程序控制成为可能。这是计算机与其他类型计算装置的一个重要区别。

（3）运算过程由程序自动控制。

由于计算机具有内部存储能力,计算机可以从内部存储单元中依次取出指令和数据来控制操作，这种工作方式称为存储程序控制。它是计算机最重要的一个特征。

计算机系统按功能划分的多层次结构如图 2-5 所示。从不同的视角可以看出计算机系统不同的属性，在使用计算机时，可以根据需要选择其中某一层次，分析计算机系统的组成、性能和工作机制或进行该层次的设计工作。在构造一个完整的系统时，可以分层逐级实现。

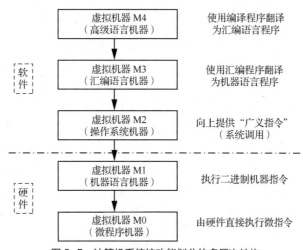

图 2-5　计算机系统按功能划分的多层次结构

计算机系统的五大层次结构为微程序机器、机器语言机器、操作系统机器、汇编语言机器、高级语言机器。

计算机系统 3 种级别的语言及其对应程序为机器语言（编译程序和解释程序）、汇编语言、高级语言。

第 1 级：微程序级。微程序设计属于硬件级别。一段微程序用于实现一条指令的功能，它由若干条微指令组成，由硬件直接执行。

第 2 级：机器语言级。机器语言级也称传统机器级。传统机器是使用组合逻辑控制器实现的机器，机器指令由硬件直接解释执行，所以传统机器级也是硬件级。

第 3 级：操作系统级。该级别主要由操作系统程序实现，此级别由机器指令和广义指令组成，其中广义指令指由操作系统定义和解释的指令。

第 4 级：汇编语言级。汇编语言是一种面向机器的符号语言。从汇编语言程序开发人员的视角看，似乎有一种能执行汇编语言源程序的机器，但这种机器实际上并不存在。

第 5 级：高级语言级。高级语言主要面向用户，为方便用户编写应用程序而设计。不同的机器可以使用同一种高级语言。

在编程的时候通常采用高级语言，如 C、C++、Python 等（高级语言级），但是机器只能识别机器语言（机器语言级），两者之间存在一个转换的过程，这往往由集成开发环境（Integrated Development Environment，IDE）来完成。经过编译和汇编后，源程序可变成可以在机器上运行的机器代码。这个转换过程其实包含 4 个步骤，分别是预处理（Preprocess）、编译（Compilation）、汇编（Assembly）和链接（Linking）。

编写好的高级语言源程序需要被编译程序或解释程序翻译为汇编语言或机器语言程序，其中编译、汇编、解释程序可统称为"翻译程序"。

编译程序：将高级语言编写的源程序一次全部翻译为机器语言程序，并执行机器语言程序，类似于整体翻译（只需要翻译一次，编译型语言有 C、C++等）。

解释程序：将源程序的一条语句翻译成对应于机器语言的语句，并立即执行。再继续翻译下一条语句，如同声传译（每次执行都需要翻译，解释型语言有 JavaScript、Python、Shell 等）。

计算机系统的层级划分并不是绝对的，用户其实不必关心操作系统级及其下层的工作原理和实现，只需通过特定的语言描述完成其目标即可。在计算机功能实现的设计中，软硬件层级中的逻辑是等价的，即某些功能可以在硬件层实现，也可以在软件层实现。

2.2.2　计算机系统的组成

计算机系统是指能够按照用户的要求接收和存储信息，自动进行数据存储和计算，并输出结果信息的系统。本节主要从计算机系统的组成来介绍计算机硬件系统和软件系统的相关知识。

如图 2-6 所示，计算机系统包括两大部分：硬件系统和软件系统。硬件系统是指构成计算机的物理设备，即由机械、电子类器件构成的具备输入、存储、计算、控制和输出功能的实体部件，是系统赖以工作的实体。软件系统是指系统中的程序及开发、使用和维护程序所需要的所有文档的集合。通常提到的计算机都是指包含硬件系统和软件系统的计算机系统。

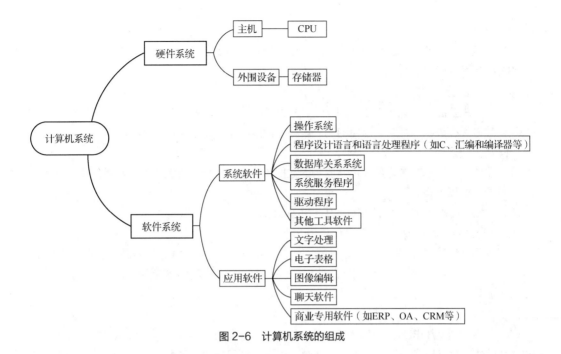

图 2-6　计算机系统的组成

2.2.3　计算机硬件与服务器硬件的组成

1．计算机硬件的组成

根据冯·诺依曼的"存储程序"原理，计算机的硬件由控制器、运算器、存储器、输入设备与输出设备五大部件组成，五大部件之间通过系统总线进行连接，如图 2-7 所示。

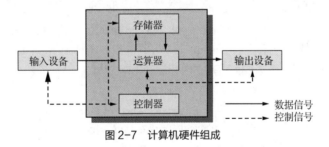

图 2-7　计算机硬件组成

（1）控制器

控制器由指令寄存器、译码器、程序计数器和操作控制器等组成，主要功能是控制从内存中取出指令、分析指令、发出由该指令规定的一系列操作命令来完成指令。控制器可以看作计算机的"指挥中心"，用于控制计算机完成运算。

（2）运算器

运算器采用二进制进行算术和逻辑运算，主要由算术逻辑单元和通用寄存器组成。在控制器的控制下，算术逻辑单元对来自存储器的数据进行相应运算。通用寄存器主要存放参与运算的原始数据、过程数据和结果数据。

由于超大规模集成电路技术的发展，当前运算器和控制器集成在一块芯片上，即 CPU 上。

（3）存储器

存储器用来存放计算机运行中要执行的指令以及参与运算的数据。存储器分为内存储器（即内存）和外存储器（即硬盘）。

（4）输入设备

输入设备主要用于将原始数据（如音频、图像、文字等）和程序指令转换为计算机能识别的二进制代码并将其存放到内存中。常见的输入设备有键盘、鼠标、扫描仪、摄像头等。

（5）输出设备

输出设备的作用主要是将存在存储器中的数据转换为用户能识别的形态。常用的输出设备有显示器、打印机、耳机等。

输入/输出设备主要用于人机交互，因此也称外围设备，简称外设。

2. 服务器硬件的组成

服务器硬件包括 CPU、主板、内存、硬盘、网卡、RAID 卡、PCI-e 接口卡、电源、风扇、BIOS/UEFI、BMC/IPMI 等。服务器是一类特定用途的计算机，在硬件构成上有 RAS 特性的需求。下面逐一介绍主要的服务器硬件。

（1）CPU

CPU 是服务器上的核心处理单元，而服务器是信息化基础设施中的重要设备，要处理大量的访问需求，因此对服务器有大数据量的快速吞吐、超强的稳定性、长时间运行等严格要求。CPU 是计算机的"大脑"，是衡量服务器性能的首要指标。鲲鹏通用计算平台中主要采用基于精简指令集的鲲鹏 916 及 920 两大系列 CPU。

（2）内存

内存（Memory）也称为内存储器，其作用是暂存 CPU 中的运算数据，以及与硬盘等辅助存储器交换的数据。内存是计算机的重要部件之一，计算机中所有程序的运行都是在内存中进行的，因此内存的性能对计算机的影响非常大。

由于服务器的 RAS 特性需求，服务器使用的内存一般分为以下三大类型。

① 无缓冲双列直插式内存组件（Unbuffered Dual In-line Memory Modules，UDIMM）。控制器输出的地址和控制信号直接到达双列直插式内存组件（Dual In-line Memory Modules，DIMM）。服务器常使用带有温度传感器和 ECC 功能的 UDIMM。

② 带寄存器的双列直插式内存组件（Registered Dual In-line Memory Modules，RDIMM）。控制器输出的地址和控制信号经过寄存器寄存后输出到动态随机存储器（Dynamic Random Access Memory，DRAM）芯片中，控制器输出的时钟信号经过锁相环（Phase-Locked Loop，PLL）后到达各 DRAM 芯片。该类型的内存常见容量为 4GB、8GB、16GB、32GB。

③ 低负载双列直插式内存组件（Load-Reduced Dual In-line Memory Modules，LRDIMM）。其容量一般为 32GB、64GB。LRDIMM 突破了每个通道最大 8 列的限制，可提升系统整体内存容量。

服务器增强内存技术是指由于服务器的运行要求比 PC 要高，因此出现的一些提高内存的可靠性和稳定性的增强技术。常见的服务器内存增强技术如下。

① 双通道技术：在主板的北桥芯片中设计两个内存控制器，这两个控制器相互独立工作，每个控制器控制一个内存通道。在这两个内存通道中，CPU 可分别寻址、读取数据，使内存的带宽增加为原来的两倍，数据存取速度也相应增加为原来的两倍。

② 内存交错技术：内存交错技术能将主内存分为两个或更多的小节，CPU 能非常快速地寻找到这些交错的小节，从而无须等待。内存交错技术可用来组织服务器主板上的内存条，从而提高内

存传输性能。

③ Registered 内存：Registered ECC SDRAM 上有 2 或 3 块专用的集成电路芯片，称为 RegisterIC，这些集成电路芯片起提高电流驱动能力的作用，使服务器可支持大容量的内存。

④ 在线备用内存技术：当主内存或者扩展内存出现多位错误或出现物理内存故障时，由备用内存接替故障内存的工作，以保障服务器继续运行。备用内存的容量必须比故障内存的大或至少相等。

⑤ 内存镜像：镜像为系统在出现多位错误或内存出现物理故障时提供数据保护功能，以保证系统仍能正常运行。此时，数据同时写入两个镜像的内存区域，在一个区域中进行数据读取。

（3）硬盘

硬盘也称辅助存储器。由于电子产业的飞速发展，硬盘也经历了重大变革，SSD 已经从企业级产品下沉为消费级产品。下面分别从硬盘分类和硬盘性能指标这两个方面进行介绍。

① 硬盘分类。

硬盘按存储介质可分为以下 3 类。

机械硬盘（Hard Disk Drive，HDD）：由一个或多个铝或玻璃制成的磁性碟片、磁头、转轴、控制电机、磁头控制器、数据转换器、接口和缓存等组成。工作时，磁头悬浮在高速旋转的碟片上读写数据。机械硬盘是集精密机械、微电子电路、电磁转换为一体的存储设备。

固态硬盘：用固态电子存储芯片阵列而制成的硬盘，由控制单元和存储单元（Flash 芯片、DRAM 芯片）组成。固态硬盘在接口的规范和定义、功能及使用方法上与机械硬盘完全相同，在产品外形和尺寸上也与机械硬盘完全一致。其优点是读写速度快、防震抗摔性好、低能耗、无噪声、工作温度范围大。相比于机械硬盘，固态硬盘的缺点是容量小、使用寿命短、价格高。

混合硬盘（Hybrid Hard Drive，HHD）：机械硬盘与固态硬盘的结合体。使用磁盘作为最主要的存储介质；使用容量较小的闪存颗粒存储常用文件，以提升读写效率。相比于机械硬盘，混合硬盘的优点是应用数据存储与恢复更快、系统启动时间减少、能耗降低、产生热量减少、工作噪声级别降低；其缺点是使用寿命比机械硬盘短，闪存模块处理失败不可恢复，系统的硬件总成本更高。

硬盘按接口类型可分为串行 ATA（Serial Advanced Technology Attachment，SATA）接口、串行 SCSI（Serial Attached SCSI，SAS）接口、高速串行计算机扩展总线标准（PCI-Express，PCI-e）接口、非易失性存储器标准协议（Non-Volatile Memory Express，NVMe）接口。

早期还有集成驱动电接口、SCSI 等，如今随着 SSD 性价比的提升，PCI-e 接口的硬盘在服务器中的使用率也在逐步提升。

SSD 已成为当前服务器的主流选择。按业务应用和闪存介质的不同，SSD 可分为 3 种不同类型：一是读密集型（Read Intensive），存储介质主要为 MLC NAND Flash，大部分为成本低的 SATA。二是写密集型（Write Intensive），存储介质为耐久性较高的 eMLC NAND Flash，同时增加备用空间或 SLC NAND Flash，主要适合高频率写的业务场景。三是均衡型（Mixed Use），存储介质主要为耐久性较高的 eMLC NAND Flash，适合读写均衡的场景，适用于 SATA、SAS、PCI-e 接口。

② 硬盘性能指标。

硬盘性能指标主要有以下几点。

容量（Volume）：常见的硬盘容量单位为吉字节（GB）、太字节（TB）和拍字节（PB）。决定硬盘容量的关键因素是单碟容量和碟片数量。

转速（Rotational Speed）：硬盘转速指硬盘盘片每分钟转过的圈数，单位为每分钟转数（Revolutions Per Minute，RPM）。一般硬盘转速能达到 5400RPM/7200RPM。SCSI 硬盘转速可达到 10000～15000RPM。

平均访问时间（Average Access Time）：平均寻道时间和平均等待时间之和。

数据传输率（Date Transfer Rate）：硬盘读写数据的速度，单位为兆字节每秒（MB/s）。硬盘数据传输率包括内部传输率和外部传输率两个指标。

每秒的输入/输出量（Input/Output Per Second，IOPS）：也称读写次数，是衡量磁盘性能的主要指标之一。对于随机读写频繁的应用来说，如联机事务处理（Online Transaction Processing，OLTP），IOPS 是关键衡量指标。另一个主要指标是数据吞吐量（Throughput），即单位时间内可以成功传输的数据量。对于大量顺序读写的应用，如视频编辑、视频点播等则更关注数据吞吐量这个指标。

（4）网卡

网卡又称为网络适配器或网络接口卡（Network Interface Card，NIC），是计算机网络系统中最基本的、最重要的连接设备之一，计算机要通过网卡才能接入网络。网卡在传输控制协议/互联网协议（Transmission Control Protocol/Internet Protocol，TCP/IP）模型中时，在物理层和数据链路层工作，用来接收和发送数据。

服务器网卡由于对可靠性、安全性的要求高，而与消费级网卡有较大差异，具体差异如下。

① 速度快。服务器通常是用来处理大数据计算的，消费级网卡的速度达不到要求。常用的服务器网卡速度可达到 10Gbit/s 或 25Gbit/s，一些高性能服务器甚至要求达到 200Gbit/s。

② 对 CPU 的占用小。如果 CPU 时间被大量用来响应网卡，则处理其他任务的速度就变低了。因此，服务器网卡通常自带控制芯片，可以处理一些与网卡相关的 CPU 任务，从而减少不必要的 CPU 开销。

③ 安全性更高。服务器网络故障可能导致程序无法使用，这就要求网卡不能出现故障，要有容错功能。

如图 2-8 所示，常见的网卡分类如下。

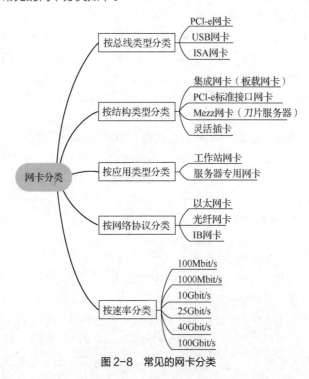

图 2-8　常见的网卡分类

按照总线类型可分为 PCI-e 网卡、通用串行总线（Universal Serial Bus，USB）网卡和传统的工业标准结构（Industry Standard Architecture，ISA）网卡。

按照结构类型可分为集成在服务器主板上的网卡（板载网卡）、PCI-e 标准接口网卡、刀片服务器特有的 Mezz 网卡和与主板背板对接的灵活插卡。

按照应用类型可分为工作站网卡和服务器专用网卡。

按照网络协议可分为以太网卡、光纤网卡、无限带宽（Infini Band，IB）网卡。

按照速率可分为 100 Mbit/s、1000 Mbit/s、10Gbit/s、25Gbit/s、40Gbit/s，以及 100Gbit/s 网卡。

（5）RAID 卡

当 CPU、内存的 I/O 能力大幅提升时，硬盘就成为整个计算机系统的性能瓶颈。如果数据只在单块硬盘上存放，则可靠性难以保证，因此人们发明了 RAID 技术。RAID 技术能将多个独立的物理硬盘以不同的方式组合成一个逻辑硬盘，从而提高硬盘的读写性能和数据安全性。表 2-1 所示为常见的 RAID 级别，可为数据安全提供不同层次的保护。

表 2-1　常见的 RAID 级别

RAID 级别	组合方式
RAID 0	数据条带化、无校验
RAID 1	数据镜像、无校验
RAID 1E	数据镜像、数据条带化
RAID 5	数据条带化、分布式校验
RAID 6	数据条带化、分布式校验并提供两级冗余
RAID 10	先做 RAID 1，再做 RAID 0
RAID 50	先做 RAID 5，再做 RAID 0

硬件 RAID 即基于硬件的 RAID，是利用硬件 RAID 适配卡（RAID 卡）来实现的。硬件 RAID 又可分为内置插卡式和外置独立式磁盘阵列。RAID 卡上集成了处理器，能够独立于主机对 RAID 存储子系统进行控制。

图 2-9 所示为 RAID 卡结构。只读存储器（Read-Only Memory，ROM）一般使用闪存芯片来存放初始化 RAID 卡所必需的代码，以及实现 RAID 功能所需的代码。XOR（eXclusive OR）芯片专门用于 RAID 5、6 等这类校验型 RAID 的校验数据计算。目前 SCSI RAID 卡最多有 4 个通道，其后端可以接入 4 条 SCSI 总线，最多可接 64 个 SCSI 设备（16 位总线）。

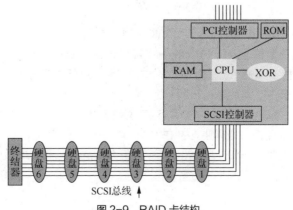

图 2-9　RAID 卡结构

软件 RAID 包含在操作系统中，其 RAID 功能完全使用软件实现，即由系统的核心磁盘代码来实现。软件 RAID 不需要昂贵的 RAID 控制卡和热插拔机架，但需要使用 CPU，也要占用系统内存带宽和主机 I/O 总线。然而，由于 RAID 功能完全依靠 CPU 执行，CPU 占用相当严重，如 RAID 5 的大量异或（XOR）操作。

（6）PCI-e 接口卡

PCI 总线是一种高性能局部总线，主要用于外设之间以及外设与主机间的高速数据传输。PCI-e 是一种高速串行计算机扩展总线标准，以取代基于总线的通信架构，属于高速串行点对点双通道高带宽传输，所连接的设备分配独享通道带宽，不共享总线带宽，主要支持主动电源管理、错误报告、端对端的可靠性传输、热插拔及 QoS 等功能。PCI-e 协议使用高速差分总线，采用端到端的连接方式，不需要向整个总线请求带宽，可以大幅提升数据传输频率，从而实现 PCI 无法提供的高带宽。PCI-e 接口可以适配各种功能卡，如声卡、视频处理卡、GPU 卡、网卡、RAID 卡等。

（7）电源

服务器电源按照标准可以分为 ATX 电源和服务器系统架构（Server System Infrastructure，SSI）电源两种，其功能本质上和 PC 电源的功能没有区别，但由于服务器的能耗更高，对整机的稳定性要求也更高，因此多采用冗余电源技术，具有均流、故障切换等功能，可以有效避免电源故障对系统的影响，实现 7×24 小时全天候不间断运行。

冗余电源的常见形态是 $N+1$ 冗余，可以保证在一个电源发生故障的情况下，系统不会瘫痪（同时出现两个及以上电源故障的概率非常小）。冗余电源通常和热插拔技术配合使用，即热插拔冗余电源，可以在系统运行时拔下出现故障的电源并更换一个完好的电源，从而提高服务器系统的稳定性和可靠性。

（8）BIOS/UEFI

基本输入/输出系统（Basic Input/Output System，BIOS）全称是 ROM－BIOS，即只读存储器基本输入/输出系统，它是一组被固化到计算机中，为计算机提供最基本、最直接的硬件控制程序，它是连通硬件设备和软件程序的枢纽。

随着技术革新，统一可扩展固件接口（Unified Extensible Firmware Interface，UEFI）被用来替代 BIOS。UEFI 采用模块化、动态链接和 C 语言风格的常数堆栈传递方式构建系统，摒弃了传统 BIOS 复杂的 16 位汇编代码。UEFI 的创新之处在于改变了 BIOS 的界面设计，其操作界面和 Windows 一样易于上手。当前大部分服务器和 PC 都在使用 UEFI。

（9）BMC/IPMI

服务器大多被放置在专门机房中，因此和 PC 相比，服务器更需要远程管理功能。由此，BMC 应运而生，它符合智能平台管理接口（Intelligent Platform Management Interface，IPMI）标准（即一种开放标准的硬件管理接口规格，定义了嵌入式管理子系统进行通信的特定方法），主要用于服务器的远程管理、监控、安装、重启等。

BMC 有时特指一块集成在主板上的芯片（也有通过 PCI-e 等方式插在主板上的），对外表现形式只是一个标准的 RJ-45 网口，拥有独立的 IP 地址。维护时，使用浏览器访问管理 IP 地址，登录管理界面。大规模服务器集群一般使用 BMC 指令进行大批量无人值守操作。如图 2-10 所示，客户机通过 IPMI 工具对服务器进行基础性管理操作。

图 2-10　客户机使用 IPMI 工具来管理服务器

2.2.4　计算机软件与服务器软件的分类

软件是指所有应用计算机的技术，即程序和数据。它的范围非常广泛，一般指程序系统，是发挥计算机硬件功能的关键。计算机软件可分为系统软件和应用软件两大类。

1. 系统软件

系统软件是指支持计算机系统正常运行并实现用户操作的软件，是控制和维护计算机系统资源的各种程序的集合。计算机的系统资源包括硬件资源和软件资源。一般来说，系统软件由计算机厂商或者系统软件公司开发，用户可以基于它进行操作，但一般不能改动。有一部分系统程序在计算机出厂时就直接写入 ROM 芯片，如主板上的引导程序、BIOS、诊断程序等；有一部分则安装在硬盘中，如操作系统；还有一部分保存在光盘、U 盘或者网络路径中供用户购买后使用，如语言处理程序。

系统软件包括操作系统、语言处理程序、数据库管理系统和各类服务性程序，下面简要介绍操作系统、语言处理程序和数据库管理系统。

（1）操作系统

操作系统是一套系统软件，用于管理计算机资源（如 CPU、存储器、外围设备、软件等）和自动调度用户的程序。操作系统一般分为批处理操作系统、分时操作系统、实时操作系统和网络操作系统。

（2）语言处理程序

语言处理程序是主要用于程序设计的语言，已经经历了从机器语言、汇编语言到高级语言的发展。

（3）数据库管理系统

数据库管理系统（Database Management System，DBMS）用于建立、使用和维护数据库。它对数据库进行统一管理和控制，以保证数据库的安全性和完整性。用户通过 DBMS 访问数据库中的数据，数据库管理员通过 DBMS 进行数据库的维护工作。

2. 应用软件

在计算机软件系统中，应用软件是相对系统软件而言的，主要由软件供应商、计算机厂商或者个人为解决某个实际问题、支持某一领域的应用而开发。一般根据软件的应用领域将其划分为通用软件和专用软件两类。通用软件可以跨领域使用，如用于文档处理的 Office 软件、用于影音播放的播放器软件等，而专用软件则是针对某专业领域而开发的，如医疗行业的医疗影像系统软件、制造行业的生产信息化管理系统（Manufacturing Execution System，MES）软件、测绘行业的地学信息系统（Geographic Information System，GIS）软件等。

2.3　计算平台的性能指标与测试

计算平台建成后，需要根据具体应用场景对其处理能力进行评估，得到评估结果后能更合理地调整平台的相关参数来优化其承载的业务。行业中通常使用各类基准测试工具在接近真实业务场景的操作环境下对计算平台进行测试，从而得到系统响应时间、吞吐量、运算能力等各项指标的数据，以对其性能进行评估。

2.3.1 计算平台的性能指标及测试工具

图 2-11 所示为常见的服务器性能指标测试标准。

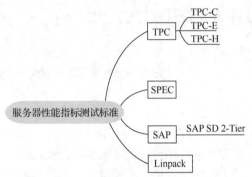

图 2-11　常见的服务器性能指标测试标准

1. TPC

事务处理性能委员会（Transaction Processing Performance Council，TPC）是由数十家会员公司创建的非营利性组织，总部设在美国。该组织对全世界开放，迄今为止，其绝大多数会员为美国、日本、欧盟等国家和地区的公司。TPC 成员主要是计算机软硬件厂家，而非计算机用户。它的职责是制定商务应用基准程序（Benchmark）的标准规范（Standard Specification）、性能和价格量度，并管理测试结果的发布。

TPC 不提供基准程序的代码，而只提供基准程序的标准规范。测试者可以根据规范，构造自己的系统（包括测试平台和测试程序）。测试者需要自己编写测试工具，测试完之后提交给TPC。为保证测试结果的客观性，测试者（通常是服务器厂商）必须提交给 TPC 一套完整的报告，包括测试系统的详细配置、分类价格，以及包含 5 年维护费用在内的总价格。该报告必须由 TPC 授权的审核员核实（TPC 本身并不作审计）。目前，全球只有不到 10 个审核员，全部来自美国。

（1）TPC 的基准程序

TPC 共发布了 11 套基准程序，可分为目前正在使用的 TPC-App、TPC-H、TPC-C、TPC-W、TPC-E（大型企业信息服务测试基准程序），过于陈旧而不再使用的 TPC-A、TPC-B、TPC-D 和 TPC-R，以及因不被业界接受而放弃的 TPC-S（专门针对服务器的测试基准程序）和 TPC-Client/Server。下面介绍 TCP-H、TPC-C 和 TPC-E。

① TPC-H

TPC-H 主要用于评价特定查询的决策支持能力，关注服务器在数据挖掘、分析处理方面的能力。查询是最主要的决策支持应用之一，数据库中的复杂查询可以分为两种类型：一种是预先知道的查询，如定期的业务报表；另一种是事先未知的查询，称为动态查询（Ad-Hoc Query）。通俗地讲，当数据库厂商开发了一个新的数据库管理系统后，会使用 TPC-H 来测试数据库管理系统在查询决策支持方面的能力。TPC-H 的测量指标为数据库管理系统复杂查询的响应时间，以及每小时执行的查询数（TPC-H QphH@Siz）。

② TPC-C 和 TPC-E

TPC-C 体现了每分钟处理事务的能力，而 TPC-E 体现了每秒处理交易数。

TPC-C 值可以反映系统的性价比。TPC-C 用于测试系统每分钟处理的事务数，单位为 tpm（Transactions Per Minute，每分钟交易数）。系统的总价格（单位为美元）除以 TPC-C 值，就可以得出这套系统的性能价格比（即性价比），这个值越小，整套系统的性价比就越好。TPC-C 的测试结果有两个指标：流量指标 tpmC 和性价比指标 $/tpmC。其中，TPC-C 的流量指标 tpmC 中的 C 指 TPC 中的 C 基准程序，它的定义为每分钟系统处理的订单数。需要注意的是，处理新订单的同时，系统要按要求处理其他 4 类事务请求，流量指标值越大越好。

TPC-E 作为大型企业信息服务的基准程序，其测试结果有两个指标：性能指标（Transactions Per Second E，tpsE）和性价比（$/tpsE）。其中，前者是系统在执行多种交易时，每秒可以处理的交易数，这个值越大越好；后者是系统价格与前一指标的比值，这个值越小越好。

（2）华为服务器的 TPC 测试示例结果

如图 2-12 所示，TPC-E 测试是在华为 RH5885 V2 服务器上执行的，使用的是 Windows Server 2008 R2 企业版 SP1 操作系统。该报告记录了华为 RH5885 V2 服务器根据 TPC-E 标准规范 1.12.0 的要求，使用 Microsoft SQL Server 2012 企业版实现的 TPC-E 的结果。其中，性能指标 tpsE 的值（即吞吐量）为 3053.84，性价比（$/tpsE）的值为 352.48 美元。

Hardware	Software	Total System Cost	tpsE	$/tpsE	Availability Data
Huawei Tecal RH5885 V2	Microsoft Windows Server 2008 R2 with SP1 And Microsoft SQL Server 2012	$1076417	3053.84	$352.48	Oct 30, 2012

图 2-12　华为服务器的 TPC 测试示例结果

2. SPEC

标准性能评估公司（Standard Performance Evaluation Corporation，SPEC）是由服务器厂商、系统集成商、大学、研究机构等多方组成的非营利性组织，这个组织的目标是建立和维护一套用于评估计算机系统的标准。

SPEC 包括以下多种类型的基准程序。

（1）CPU 类型，较常使用，目前最新版本为 SPEC CPU 2017。

（2）Graphics and Workstation Performance 类型，较少使用，包含对 3ds Max 2011、Maya 2012、Solidworks 2013 等图形工作站性能的评测。

（3）High Performance Computing 类型，用于测试 OpenMP 和 MPI 程序的性能，使用得不多，主要用于评测并行高性能集群系统的性能，目前最新版本为 SPEChpc 2021。

（4）Java Client/Server 类型，与 Java 应用相关，最新版本为 SPECjbb 2013。

（5）Power 类型，主要用于衡量服务器的整体能效，最新版本为 SPECpower_ssj 2008。

（6）Virtualization 类型，衡量系统的虚拟化性能，和 VMware 公司的 VMmark 相比，在测试场景中使用得较少，最新版本为 SPECvirt_sc 2013。

3. SAP

SAP（Systems, Applications and Products）基准测试组织由 SAP 公司及其技术合作伙伴代表组

成，包括各主要软硬件供应商，设立目标是提供一个专门为 SAP ERP 应用设计的基准测试工具。SAP 基准测试组织发布了各种类型的基准测试，其中常见的 SAP SD （2-Tier/3-Tier）标准应用基准测试为 SAP Sales & Distribution Module。SAP SD 2-Tier 基准测试内容：衡量不同硬件厂家加上数据库后执行 SAP 企业资源管理应用销售及分销（SD，即 Sales & Distribution）模块时的性能表现。SAP SD 两层结构基准测试将应用服务器及数据库服务器安装在同一台物理服务器上。其测试结果会被标准化成 SAP SD 应用模块的 SAP 应用标准性能（SAP Application Performance Standard，SAPS）值。SAPS 值是一个独立于硬件的性能指标，100 SAPS 值在 SAP SD 应用定义中等同于每小时 2000 个商业处理订单项目。每一个商业处理订单项目包含新订单产生、发货单产生、订单显示、改变发货内容、货品录入、列出订单及产生发票；从技术角度来说，它等同于每小时 2400 笔 SAP 交易或每小时 6000 次对话加上每小时 2000 次录入操作。

4. Linpack

Linpack 是全球应用最广泛的用于测试 HPC 系统浮点性能的基准程序。在目标集群中运行 Linpack 测试程序，测试结果以浮点运算每秒（Floating-point Operations Per Second，FLOPS）给出，其结果通常以下述单位显示。

MFLOPS=100 万次（10^6）浮点运算每秒

GFLOPS=10 亿次（10^9）浮点运算每秒

TFLOPS=1 万亿次（10^{12}）浮点运算每秒

PFLOPS=1000 万亿次（10^{15}）浮点运算每秒

2.3.2 服务器性能测试实践

如图 2-13 所示，通过 PC 远程运行测试工具，对华为 TaiShan 2280 100 系列服务器进行 CPU 性能测试，PC 上安装 Windows 操作系统，服务器上安装 Linux 64 位操作系统，以太网交换机为标准 2 层交换机或 3 层交换机。具体测试步骤如表 2-2 所示。

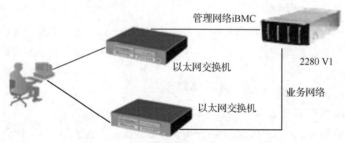

图 2-13　TaiShan 2280 性能测试拓扑

表 2-2　具体测试步骤

序号	步骤内容
1	上传软件安装包到空间大于或等于 100GB 的目录（如/data 目录）
2	挂载操作系统镜像作为本地源，安装依赖库，命令为 yum install libgcc glibc glibc-devel libstdc++ libstdc++-devel numactl automake gcc* gcc-c++ libgfortran gcc-gfortran
3	升级 GCC 版本到 7.3.0
4	升级 glibc 版本到 2.27
5	创建 speccpu2017 文件夹 mkdir /home/speccpu2017

序号	步骤内容
6	上传 speccpu2017 软件安装包到 home 路径，执行./install.sh 命令安装软件安装包，按以下提示进行输入。 /home/speccpu2017 linux-hyq4:#/home/speccpu2017# ./install.sh SPEC CPU2017 Installation Top of the CPU2017 tree is '/home' Enter the directory you wish to install to (e.g. /usr/cpu2017) **/home/spec2017** Installing FROM /speccpu2017 Installing TO /home/spec2017 Is this correct? (Please enter 'yes' or 'no') **yes** The following toolset is expected to work on your platform （注意：安装完成后将 isl 下的 libisl.so.15 文件复制到 gcc7.3.0/lib64 路径下，否则测试时会由于找不到文件而报错。相关命令为 cp /usr/local/isl-0.18/lib/libisl.so.15 /usr/local/gcc-7.3.0/lib64）
7	在/spec2017/路径下执行以下脚本即可开始相关测试。 source /spec2017/shrc ulimit −s unlimited runcpu −c cpu2017-int.cfg intrate _#RateInt 测试 sleep 10 runcpu −c cpu2017-fp.cfg fprate #RateFp 测试 sleep 10 runcpu −c cpu2017-int.cfg intspeed #SpeedInt 测试 sleep 10 ####进行 SpeedFp 测试之前需要设置以下 3 个变量，以优化性能##### export OMP_STACKSIZE=1G export OMP_WAIT_POLICY=active export OMP_PROC_BIND=true runcpu −c cpu2017-fp.cfg fpspeed #SpeedFp 测试 sleep 10 rm −fr /spec2017/benchspec/CPU/*/run/* #删除测试过程中的文件，避免多次测试后硬盘容量不足

在测试之前应确认以下条件已经具备。

（1）服务器正常上电。

（2）服务器已安装好 Linux 64 位操作系统。

（3）服务器已安装好测试工具。

（4）软件测试目录所在分区空间不小于 100GB。

2.3.3 服务器性能需求分析案例

1．案例背景

某智慧城市数字基座的基础身份信息业务处理平台是支撑其他所有业务系统的统一应用平台和数据交换平台，因此对中心主机的处理能力要求高。由于整体的应用系统是阶段性开发上线的，目前很难计算出所需的处理能力。以下仅以人口基础信息系统为参照，估算该模块系统所需的处理能力。在系统规划时，以此为基础同时考虑短期内其他应用系统的上线。中心主机的配置必须满足基本性能要求，同时应考虑未来多个应用系统处理的可扩展性能要求。

2. 业务分析

根据业务需求估算 TPC-C 值，根据业务特征得知该信息系统处理的内容主要涉及对人口信息的查询，以及和相关业务系统的数据交换等。以人口数量 3300 万作为参考来进行下面需求的估算。

（1）当前处理能力需求

多个应用系统涉及对人员信息的互联操作，因此，在一年中可能存在多个业务高峰时期，需要使用这个人员信息数据库。假设在业务繁忙时期每天需要处理 5% 的人员信息，以每天工作 8 小时计算，平均每小时处理的人员信息为（$3300 \times 10^4 \times 5\%$）$\div 8 = 20.625 \times 10^4$。

在每天的峰值时间（如早上 9 点半和下午 4 点），对于处理能力，要求应该达到平均时间的 3 倍，则在峰值期间每分钟处理的人口信息业务量为（$20.625 \times 10^4 \div 60$）$\times 3 = 10312.5$。

根据之前的建设经验，当前人口基础信息系统应用软件的情况如下：处理每条信息时，数据库服务器的性能开销大约相当于 4 个 tpmC 处理能力，则当前在峰值期间对于该系统需要的处理能力约为 $10312.5 \times 4 = 41250$ tpmC。

除信息数据处理外，信息中心还包含其他多个业务系统。根据其他区域类似项目建设经验来估算，其他所有业务系统的应用需求基本等同于该系统，则所有业务系统目前需要的处理能力约为 $41250 \times 2 = 82500$ tpmC。

由于系统建设需要一定周期，一般为半年到一年。到投产运行时，其业务量将超过目前的数量。按 9 个月的投产周期考虑，若业务量的年增长率为 30%，则投产时的业务量与目前相比，会增加约 20%。因此，投产时所需的处理能力约为 $82500 \times (1 + 20\%) = 99000$ tpmC。

为保证系统稳定运行，根据经验，建议系统资源利用率保持 1/3 的空闲比例，即平均资源利用率不超过 66%。因此，投产时主机系统所需的处理能力应为 $99000 \div 66\% = 150000$ tpmC。

按照 3 层结构的设计，中心系统由数据库服务器和应用服务器组成。一般来说，业务处理压力经服务器层次分担后，数据库服务器和应用服务器的压力比例约为 4 : 1。据此，当前系统处理能力需求如下。

① 数据库服务器处理能力需求为 $150000 \times 80\% = 120000$ tpmC。

② 应用服务器处理能力需求为 $150000 \times 20\% = 30000$ tpmC。

在系统设计时，为保证中心系统的可靠性和安全性，主机系统通常采用双机热备方式进行配置，具体实现上有以下两种模式。

模式一：为数据库服务器和应用服务器分别配置专门的热备份主机。在这种模式下，主机处理能力按照上述需求值配置即可，即两台数据库服务器处理能力大于 120000 tpmC，两台应用服务器处理能力大于 30000 tpmC。

模式二：为节约投资成本，不配置专门的热备份主机，而采用数据库服务器和应用服务器组成集群，互相备份的模式。当采用这种模式时，故障发生后会由一台主机负责全部功能，所以考虑当前主机处理能力时，单台主机的处理能力应等于数据库服务器和应用服务器处理能力需求之和，即 150000 tpmC。从节约投资成本的角度出发，故障发生后，一般只要求功能的接管，在响应速度方面允许有所降低。如果可以容忍响应速度的适度降低，那么在计算单台主机的处理能力时，另一种常见的做法是取数据库服务器和应用服务器两者处理能力需求的较大者，即两台服务器的处理能力都大于 120000 tpmC。为节约投资成本，推荐采用后一种方式，即当前主机处理能力都按照 120000 tpmC 来考虑。

（2）扩展处理能力需求

系统投产后，除已投产系统自身的业务量增加外，还会有多个新的应用系统陆续投入使用。综合考虑这两个因素，按照系统使用 3 年，每年 30%的业务量增长估算，主机系统所需的处理能力应为 $150000 \times (1 + 30\%) \times (1 + 30\%) = 253500$ tpmC。

同理，所需数据库服务器处理能力需求为 $253500 \times 80\% = 202800$ tpmC。

所需应用服务器处理能力需求为 $253500 \times 20\% = 50700$ tpmC。

和前面的论述相似，为节约投资成本，对系统扩展能力的要求也按照后一种方式考虑，即主机扩展处理能力为 202800 tpmC。

说明：此案例只是用于说明解决类似问题的分析思路和分析方法，案例中所提到的具体数据只是假设值，并不表示这些计算细节在实际案例中可以直接使用。

第3章

鲲鹏通用计算平台

03

学习目标

- 了解华为鲲鹏计算架构
- 了解鲲鹏通用计算平台关键部件及鲲鹏计算典型场景
- 了解基于鲲鹏通用计算平台的典型案例

完整的计算平台不仅包含硬件系统，还包括其上层支持的软件系统。鲲鹏通用计算平台不仅包括基于鲲鹏处理器的计算机，还包括上层适配的操作系统和应用软件。

本章主要围绕鲲鹏通用计算平台，基于典型案例展开讲解。

3.1 华为鲲鹏计算架构概述

一个完整的计算平台需要完善的产业生态。鲲鹏计算产业是基于鲲鹏处理器构建的全栈 IT 基础设施、行业应用及服务，包括鲲鹏处理器、服务器、存储、PC、虚拟化、操作系统、中间件、数据库、云服务、行业应用等，如图 3-1 所示。上层应用需要完整的 IT 基础设施作为支撑。

图 3-1　鲲鹏计算产业

3.1.1 鲲鹏处理器与昇腾芯片

华为在芯片研发上多年持续性投入，诞生了一系列以我国文化元素命名的芯片产品，如麒麟、凌霄、昇腾、鲲鹏、巴龙等，有的用于个人消费级产品中，有的则用在通信基站中，而鲲鹏计算主要涉及鲲鹏处理器和昇腾芯片。

1. 鲲鹏处理器

基于 ARM 架构的处理器以往多用于低能耗、计算量小的场景，如移动终端、可穿戴设备、IoT 设备等。然而，随着 ARM 技术的不断演进，多核性能大幅提高，尤其是由于其开放的生态，ARM 架构处理器也从端和边缘计算场景逐步应用于服务器及数据中心场景。当前，ARM 架构发挥了其在多核、低能耗等方面的优势，在面向大数据、分布式存储和 ARM 原生应用等场景中，为企业构建高性能、低能耗的新计算平台是整个计算行业发展的必然趋势。华为在 2019 年 1 月向业界发布了鲲鹏高性能数据中心处理器，目的在于满足数据中心的多样性计算和绿色计算需求，具有高性能、高带宽、高集成度、高效能四大特点。

鲲鹏处理器分为两大类。一类是低能耗级鲲鹏 916 处理器：采用 16nm 制造工艺，有 24 个内核，主频为 2.4GHz，能耗低至 75W。业界首款支持多路互联的 ARM 处理器支持 4 通道八倍数据速率（Double-Data-Rate Four，DDR4）内存，PCI-e 3.0 和 SAS/SATA 3.0。另一类是高效能鲲鹏 920-3226 和鲲鹏 920-4826 处理器：采用 7nm 制造工艺，有 32 内核和 48 内核两个版本，主频为 2.6GHz。鲲鹏 920 处理器完成了在一个芯片上集成 CPU、网卡、SAS 控制器及南桥芯片的创新。

2. 昇腾 AI 芯片

昇腾 AI 芯片系列包含昇腾 310 和昇腾 910 芯片，都采用达·芬奇架构。昇腾 310 芯片用于推理场景，依托华为 AI 开发平台 ModelArts。昇腾 910 芯片用于训练场景，依托 AI 计算框架 MindSpore。华为在 2018 年 10 月的全联接大会上发布了针对 AI 推理与训练场景的昇腾 310 与昇腾 910 芯片。昇腾 AI 芯片独特的达·芬奇 3D Cube 架构，使芯片具有高算力、高能效、可扩展的优点。昇腾 310 芯片是用于推理的边缘智能场景的高能效 AI 单片系统（System on Chip，SoC），使用 12nm 制造工艺，可提供 16TOPS（Tera Operations Per Second，1 万亿次操作每秒）的算力，能耗只有 8W，非常适合边缘计算的低能耗要求的场景。昇腾 910 芯片适用于 AI 训练，采用 7nm 制造工艺，可提供 512 TOPS 的算力，最大能耗为 350W。

3.1.2　鲲鹏通用计算平台介绍

鲲鹏计算主要涉及两大平台，一个是搭载了鲲鹏处理器的华为 TaiShan 服务器，另一个是搭载了昇腾芯片的 Atlas 系列服务器。

华为 2021 年 2 月发布的鲲鹏/昇腾计算平台相关产品如图 3-2 所示，除 TaiShan 服务器和 Atlas 相关产品之外，还有独立的鲲鹏主板、操作系统及相应的鲲鹏开发套件。

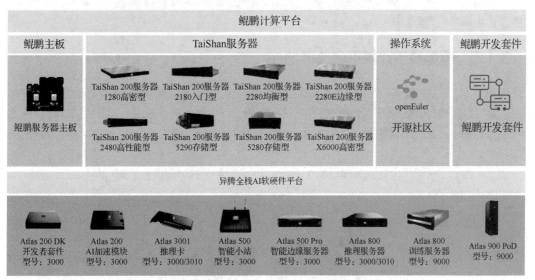

图 3-2　华为 2021 年 2 月发布的鲲鹏/昇腾计算平台相关产品

1. TaiShan 服务器

TaiShan 服务器是基于华为鲲鹏处理器的数据中心服务器，具有高效能计算、安全可靠、开放生态的优势，适合为企业应用提供高并发的多核算力。如表 3-1 所示，TaiShan 服务器家族包含基于鲲鹏 916 的 TaiShan 100 服务器和基于鲲鹏 920 的 TaiShan 200 服务器，提供均衡型、存储型、高密型和边缘型等不同规格形态的产品。

表 3-1　TaiShan 服务器家族

规格形态	特点
均衡型	该规格形态的服务器具有高性能、低能耗及灵活的可扩展能力等特点,适合为大数据分析、软件定义存储、Web 等应用场景的工作负载进行高效加速
存储型	该规格形态的服务器相比均衡型,提供了更多的硬盘槽位,能提供更大的存储容量
高密型	该规格形态的服务器特指为 X6000 高密系列而适配的计算节点,在单位空间内提供更高的计算能力,能有效提升数据中心的空间利用率、降低综合运营成本
边缘型	该规格形态的服务器专为多接入边缘计算(Multi-access Edge Computing,MEC)、内容分发网络(Content Delivery Network,CDN)、云游戏、云手机、智慧园区和视频监控等边缘计算场景设计,满足边缘计算 IT 基础设施(Edge Computing IT Infrastructure)服务器标准的规格形态

2. Atlas 系列计算平台

昇腾全栈 AI 软硬件平台基于华为昇腾 AI 处理器和业界主流异构计算部件,通过模块、板卡、小站、服务器、集群等丰富的产品形态,打造面向"端、边、云"的全场景 AI 基础设施方案,可广泛用于平安城市、智慧交通、智慧医疗、AI 推理、AI 训练等领域。这个系列有以下 4 种类型。

(1)Atlas 200/Atlas 300:提供 AI 加速计算能力的终端或服务器套件设备,可以供各类开发者使用。

(2)Atlas 500:面向 5G+AI 边缘、电力、交通、金融、智慧园区等场景,提供边缘加速计算能力的中小型设备。

(3)Atlas 800:提供高性能 AI 基础设施、软硬一体化训练平台解决方案。

(4)Atlas 900:配套华为云企业智能(Enterprise Intelligence,EI)服务器+AI 基础设施底座,支持液冷和风冷柜式集群。

3.1.3　鲲鹏通用计算平台关键部件

无论是 PC 还是服务器,都需要相关硬件模块(或部件)支撑其正常运行,除 PC 中常见的 CPU、内存、硬盘等部件外,服务器(计算)产品往往还需要特定部件的支撑来满足其高性能、高可靠性、高稳定性的要求,此类部件主要有 RAID 卡、高性能网卡、PCI-e 接口卡、支持 IPMI 协议的板载管理模块等。

图 3-3 展示了搭载华为鲲鹏处理器的 TaiShan 2280 服务器的内部模组,其标号和部件名称对应关系如表 3-2 所示。

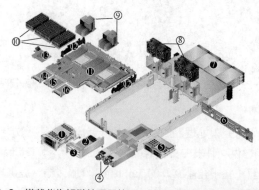

图 3-3　搭载华为鲲鹏处理器的 TaiShan 2280 服务器的内部模组

表 3-2　图 3-3 中标号和部件名称对应关系

标号	部件名称	说明
1	I/O 模组 1	支持 PCI-e RSIER 卡及 HDD 背板
2	PCI-e 卡	支持 PCI-e 4.0 标准卡，向下兼容 PCI-e 3.0/2.0
3	I/O 模组 2	支持 PCI-e RSIER 卡及 HDD 背板
4	电源模块	配置 2 个 900W/2000W 电源模块
5	I/O 模组 3	支持 PCI-e RSIER 卡及 HDD 背板
6	前置硬盘背板	支持以下 4 种硬盘背板： 12 英寸×3.5 英寸 EXP 硬盘背板（SAS/SATA）； 25 英寸×2.5 英寸硬盘背板（SAS/SATA）； 12 英寸×3.5 英寸直通硬盘背板（SAS/SATA）； 8SAS+12NVMe 2.5 英寸背板（SAS/SATA/NVMe）
7	硬盘	支持最多 25 个 2.5 英寸 SAS/SATA 硬盘
8	风扇模组	用于风扇驱动
9	散热器	用于 CPU 散热
10	DIMM	最多支持 32 个 DDR4 内存插槽，支持 RDIMM、LRDIMM、3DS-DIMM
11	主板	系统计算单元，同时进行上电控制、风扇控制等
12	理线架	用于整理机箱内部走线
13	RAID 卡	支持 RAID 0/1/10/1E/5/50/6/60，支持 Cache 掉电保护、RAID 级别迁移
14	灵活网卡 1	提供板载网卡，支持 4×GE 及 4×25GE/10GE 两种
15	BMC 卡	用于实现机框管理，提供环境温度监控、风扇管理、电源管理等功能
16	灵活网卡 2	提供板载网卡，支持 4×GE 及 4×25GE/10GE 两种

1. CPU

鲲鹏通用计算平台的处理器采用鲲鹏 916 及 920 两大系列产品，鲲鹏系列 CPU 基于精简指令集架构，前文已经详细介绍过。

采用鲲鹏处理器的计算平台具有以下特点。

（1）高性能：业界最高性能处理器，SPECint Benchmark 评测超过 930 分，比业界原纪录高出 25%。

（2）内存带宽高：内存通道从 6 通道提升到 8 通道，内存速率从 2666MHz 提升至 2933MHz，总带宽从 1.02Tbit/s 提升到 1.5Tbit/s（鲲鹏 920 内存带宽 = 2933MHz×64bit/通道×8 通道=1.5 Tbit/s）。

（3）I/O 带宽高：从 PCI-e 3.0 升级到 PCI-e 4.0，速率翻番，I/O 总带宽比 x86 平台的约高 66%。x86 平台提供 48Lane，每个 Lane 的速率只有 8Gbit/s，I/O 总带宽为 384Gbit/s；鲲鹏 920 提供 40Lane，每个 Lane 速率提升至 16Gbit/s，I/O 总带宽为 640Gbit/s，提升了约 66%。

（4）网络带宽高：集成 100G 基于融合以太网的远程直接存储器访问（Remote Direct Memory Access over Converged Ethernet，RoCE）以太网卡功能，网络带宽从业界主流的 25Gbits/s 提升至 100Gbits/s，提高为原来的 4 倍。

（5）高集成：单块芯片集成了 CPU、南桥、网卡、SAS 存储控制器这 4 块芯片的功能。在传统服务器架构上，CPU、南桥、网卡、硬盘控制器是系统标配，需要用 4 块不同芯片来实现。

2．内存

在内存使用上，鲲鹏通用计算平台与 PC 也有明显差异。鲲鹏计算平台一般会选择带有校验功能的内存条，常用的内存与 x86 平台服务器的相同，有以下两类。

（1）RDIMM：控制器输出的地址和控制信号经过寄存器寄存后输出到 DRAM 芯片，控制器输出的时钟信号经过 PLL 后到达各 DRAM 芯片。

（2）LRDIMM：鲲鹏通用计算平台常用的服务器增强内存技术为双通道技术，即包含两个独立的、具备互补性的智能内存控制器，两个内存控制器都能够在彼此间零等待时间的情况下同时工作，这样可使内存带宽增加为原来的两倍。

3．硬盘

近年来硬盘经历了重大变革，当前热门的 SSD 已经从高昂的企业级产品下沉为消费级产品。鲲鹏通用计算平台中采用的硬盘类型与 x86 服务器并无差异，支持多种硬盘类型，主要采用 SAS 接口的机械硬盘或 SSD，也可选择 NVMe 接口的 SSD，最大的特点是鲲鹏通用计算平台的硬盘控制器集成到了鲲鹏处理器中。

4．网卡

服务器往往扮演 C/S 和 B/S 架构中的 S（Server）角色，因此网络的高效稳定在服务器应用场景中非常重要。鲲鹏通用计算平台的网卡与普通服务器没有区别，默认其提供板载网卡，支持 4 吉比特和 4.25 吉比特/万兆可切换网卡两种类型，最重要的是鲲鹏通用计算平台的网卡控制器芯片也集成到了鲲鹏处理器中，同时可以在需要扩展更多网口的时候支持选择可扩展接口的兼容网卡。

5．RAID 卡

在服务器产品上，RAID 技术被广泛使用，鲲鹏通用计算平台中使用的 RAID 技术同 x86 计算一致，在兼容的 RAID 卡中同样支持 RAID 0/1/10/1E/5/50/6/60 多种级别，也支持 Cache 掉电保护和 RAID 级别迁移。

6．电源模块

鲲鹏通用计算平台支持 $N+1$ 冗余电源，可以保证在一个电源发生故障的情况下系统不会瘫痪，同时支持热插拔冗余电源，即在系统运行时拔下出现故障的电源并换上一个完好的电源，从而提高了计算平台的稳定性和可靠性。

7．UEFI 模块

鲲鹏通用计算平台默认采用 UEFI，其操作界面简单易维护，同时兼顾了 BIOS 的功能。

8．BMC/IPMI 管理模块

华为鲲鹏计算产品中采用的是华为服务器智能管理系统（Huawei Intelligent Baseboard Management Controller，iBMC）。iBMC 提供丰富的用户接口，如命令行、基于 Web 界面的用户接口、IPMI 集成接口、简单网络管理协议（Simple Network Management Protocol，SNMP）集成接口、Redfish 集成接口，并且所有用户接口都采用认证机制和高度安全的加密算法，以保证接入和传输的安全性。

3.1.4 鲲鹏计算典型应用场景介绍

鲲鹏底座与上层应用的灵活组合适用于众多企业应用，在多个行业中均有实际应用案例。如图 3-4 所示，大数据分析、分布式存储、ARM 原生、HPC、Web 等都是鲲鹏计算的典型应用场景。

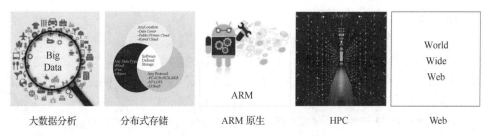

| 大数据分析 | 分布式存储 | ARM 原生 | HPC | Web |

图 3-4　鲲鹏计算的典型应用场景

1．大数据分析场景

大数据分析场景主要利用了鲲鹏通用计算平台的以下特点。

（1）高性能：发挥多核架构高并发计算优势，大数据处理平均性能相比 x86 架构的有明显提升。

（2）高效存储纠删：支持华为存储纠删码算法，存储利用率提升一倍（从 33% 提升到 66%），减少了 50% 的节点部署数量；同时，重构时减少了需要读取的数据，实现了编码速度和重构速度的提升。

（3）芯片级安全：鲲鹏处理器自带支持芯片级数据加/解密，密钥管理安全性高。

（4）融合部署：支持鲲鹏架构与 x86 架构混合部署，实现系统平滑、性能无损扩容。

2．分布式存储场景

分布式存储场景主要利用了鲲鹏通用计算平台的以下特点。

（1）高性能：发挥多核架构高并发计算优势，在热数据分布式存储场景下，随机读写 IOPS 性能相比 x86 架构的有明显提升。

（2）快速压缩/解压缩：内置硬件加速引擎，支持芯片级数据压缩/解压缩；对于相同数据量，压缩/解压缩时间相对减少。

（3）快速加密：密钥管理安全性高，加密性能提升。

（4）融合部署：支持鲲鹏架构与 x86 架构混合部署，实现系统平滑、性能无损扩容。

3．ARM 原生场景

ARM 原生场景主要利用了鲲鹏通用计算平台的以下特点。

（1）原生兼容：安卓等移动应用基于 ARM 架构开发，鲲鹏处理器的 TaiShan 服务器兼容 ARM 架构，无须进行应用迁移或二次开发。

（2）高性能：移动应用运行在 TaiShan 服务器上不存在底层的指令翻译环节，应用性能提升。

（3）降低总拥有成本（Total Cost of Ownership，TCO）：按照实际测试，1 台标准满配置的 TaiShan 服务器可虚拟约 150 部云手机，以替代 150 部真实手机，可以减少硬件投资，并能降低大量真机部署带来的运维成本。

4．HPC 场景

HPC 场景主要利用了鲲鹏通用计算平台的以下特点。

（1）高性能：相比常用的 x86 方案，系统内存带宽有明显提升，能提供更强的内存访问能力，可实现计算机辅助工程（Computer-Aided Engineering，CAE）/计算流体力学（Computational Fluid Dynamics，CFD）、气象/海洋、生命科学/基因等内存需求大的 HPC 应用性能提升。

（2）高能效：支持服务器板级液冷和机柜级全液冷方案，数据中心无须部署行级空调，在采用液冷解决方案的场景下，电能利用效率（Power Usage Effectiveness，PUE）值可小于 1.05。

5. Web 场景

Web 场景主要利用了鲲鹏通用计算平台的以下特点。

（1）软硬件协同优化（KunPeng-turbo 技术）。如鲲鹏内置的 RSA 加速方案，可实现 Web 应用（Web Application）倍级的性能提升，为超文本传输安全协议（Hyper Text Transfer Protocol Secure，HTTPS）网站加速。

（2）优化的锁机制：有效解决多核引起的锁线性度降低的问题，提升多核锁的并发度。

（3）动态优化内存和计算的非均匀存储器访问（Non-Uniform Memory Access，NUMA）结构亲和性：实现计算和数据按照 NUMA 结构的最优计算路径配置，降低业务访问时延，提升业务实时性。

（4）芯片级 RoCE 网络能力：通过网卡、操作系统、业务各层次的协同调度技术，将需要处理的网络数据包智能路由至业务所在计算核，以缩短网络数据处理路径、提升业务的 IOPS、降低时延。

（5）高性能：相比 x86 CPU 方案，数据库查询性能和交易性能均有明显提升。

3.2　基于鲲鹏通用计算平台的典型案例介绍

随着应用的兼容适配工作的开展，鲲鹏架构能支持的应用越来越多，对应的解决方案也日趋成熟。鲲鹏处理器及其配套基础软件的技术特点在大数据分析、分布式存储和 ARM 原生解决方案中得到了充分验证。

1. 大数据分析案例

大数据使数据密集型科学、并行计算成为主流计算框架。科学经历了长期发展，经由海量数据的处理需求，已演变为数据密集型科学。当前分布式并行计算框架由于可以有效分析处理海量数据，已成为处理海量数据的核心工具之一。随着大数据分析的需求日益增长，需要更高的并发度来加速数据处理，提升计算性能。

某智慧城市项目中有新建大数据分析场景的需求，目标是通过对各种数据的分析、处理，为城市的社会综合治理提供有效手段。该项目基于 TaiShan 服务器（1000 多台）和华为云 FusionInsight智能数据湖打造大数据平台，包含在线集群、非结构化集群、实时流处理集群（Storm 类）、全文检索集群（ES 类）、离线集群（Hive/Spark 类）等组件，单集群的 TaiShan 服务器数量达到了近 300台，兼容主流操作系统和数据库，具备更高能效比，显著降低了机房对周围环境温度的要求。

鲲鹏大数据分析解决方案支持多种大数据平台，涵盖离线分析、实时检索、实时流处理等多个场景。

离线分析通常是指对海量数据进行分析和处理，形成结果数据，供数据应用使用。离线处理对处理时间要求不高，但是所处理的数据量较大，占用计算存储资源较多，通常通过 MapReduce、Spark作业或 SQL 作业实现。其典型特点如下。

（1）对处理时间的要求不高。

（2）处理数据量巨大（PB 级）。

（3）处理数据格式多样。

（4）多个作业调度复杂。

（5）占用计算存储资源多。

（6）支持 SQL 类作业和自定义作业。

（7）容易产生资源抢占。

离线分析以 Hadoop 分布式文件系统（Hadoop Distributed File System，HDFS）为数据底座，计算引擎以基于 MapReduce 的 Hive 和基于 Spark 的 Spark SQL 为主，详细架构如图 3-5 所示。

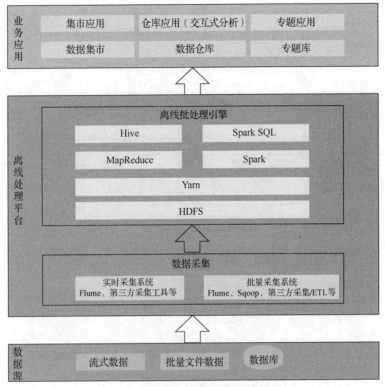

图 3-5　大数据离线分析场景的详细架构

表 3-3 所示为大数据离线分析场景的各类节点说明。

表 3-3　大数据离线分析场景的各类节点说明

名称	说明
数据源	数据源的种类包括流式数据（Socket 流、OGG 日志流、日志文件）、批量文件数据、数据库等
实时采集系统	Flume：用于 Socket 流或者日志文件等的数据采集。 第三方采集工具：第三方或者定制开发的数据采集工具或程序，比较常见的模式有采集后送入 Kafka 和 Spark Streaming 进行数据预处理及实时加载
批量采集系统	Flume：用于批量采集数据文件、日志文件。 Sqoop：用于批量采集数据库数据。 第三方采集/ETL（Extract Transformation Load，抽取、转换、装载）工具：第三方数据采集、加载、处理工具
离线批处理引擎	Hive：传统 SQL 批处理引擎，用于处理 SQL 类批处理作业，使用广泛，海量数据下表现稳定，但是处理速度较慢。 MapReduce：传统批处理引擎，用于处理非 SQL 类批处理作业，尤其是数据挖掘和机器学习类批处理作业，使用广泛，海量数据下表现稳定，但是处理速度较慢。 Spark SQL：新型 SQL 批处理引擎，用于处理 SQL 类批处理作业，适合处理海量数据，处理速度高效。

名称	说明
离线批处理引擎	Spark：新型批处理引擎，用于处理非 SQL 类批处理作业，尤其是数据挖掘和机器学习类批处理作业，适合处理海量数据，处理速度高效。 Yarn：资源调度引擎，为各种批处理引擎提供资源调度能力，是多租户资源分配的基础。 HDFS：分布式文件系统，为各种批处理引擎提供数据存储服务，可以存储各种文件格式的数据
业务应用	查询并使用批处理结果的业务应用，由独立软件供应商（Independent Software Vendors，ISV）开发

表 3-4 所示为大数据离线分析场景的各组件配置推荐数量及规格要求。

表 3-4 大数据离线分析场景的各组件配置推荐数量及规格要求

节点类型	典型配置	数量	规格要求
管理节点	双路机架式服务器，2 个华为鲲鹏 916 或 920 处理器，128GB 及以上内存，6 块 600GB 及以上 SAS 2.5 英寸硬盘，1GB LSI RAID 0/1 卡（支持 3 组以上 RAID 1），两个万兆网口，两个吉比特网口（两个网口配成 bond，分别接入两台接入交换机），1+1 冗余电源	2	—
控制节点	双路机架式服务器，2 个华为鲲鹏 916 或 920 处理器，256GB 及以上内存，10 块 600GB 及以上 SAS 2.5 英寸硬盘，1GB LSI RAID 0/1 卡（支持 5 组以上 RAID 1），两个万兆网口，两个吉比特网口（两个网口配成 bond，分别接入两台接入交换机），1+1 冗余电源	3/5/9/11	集群规模为 30～100：3 台 集群规模为 100～500：5 台 集群规模为 500～2000：9 台 集群规模为 2000～5000：11 台
管理控制节点（混合部署）	双路机架式服务器，2 个华为鲲鹏 916 或 920 处理器，256GB 及以上内存，12 块 600GB 及以上 SAS 2.5 英寸硬盘，1GB LSI RAID 0/1 卡（支持 6 组以上 RAID 1），两个万兆网口，两个吉比特网口（两个网口配成 bond，分别接入两台接入交换机），1+1 冗余电源	3	集群规模为 3～30
数据节点	双路机架式服务器，2 个华为鲲鹏 916 或 920 处理器，256GB 及以上内存，2 块 600GB 及以上 SAS 2.5 英寸硬盘，12 块 4TB 及以上 SATA 3.5 英寸硬盘，1GB LSI RAID 0/1 卡（支持 1 组以上 RAID 1），两个万兆网口，两个吉比特网口（两个网口配成 bond，分别接入两台接入交换机），1+1 冗余电源	依据数据量计算	按照数据量计算，计算公式如下： 节点数=规划数据量×1.5（数据膨胀率）×1（数据压缩率）×3（3 副本）/ 0.8（磁盘利用率）/ 0.9（磁盘进制转换）/[12（磁盘个数）× 4TB（磁盘容量）]

下面对 Hive 组件和 Spark 组件的基本原理进行简要介绍。

Hive 组件原理：Hive 引擎把用户提交的 SQL 类作业转译为 MapReduce 作业，在 Yarn 的资源调度下访问 HDFS 数据，对外就像一个 SQL 数据库，组件架构如图 3-6 所示。

Hive 使用 Yarn 作为资源调度系统，能够以比例、绝对值等多种方式配置资源；支持按照物理节点隔离资源；支持节点线性扩展，对硬件要求低；支持 TXT、Sequence、ORC、Parquet 多种文件或数据格式；支持数据压缩和数据加密。

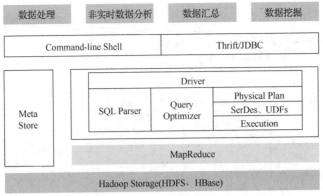

图 3-6　Hive 组件架构

　　Spark 组件原理：Spark SQL 引擎把用户提交的 SQL 类作业转译为 Spark 作业，在 Yarn 的资源调度下访问 HDFS 数据，对外就像一个 SQL 数据库，组件架构如图 3-7 所示。

图 3-7　Spark 组件架构

　　Spark 和 MapReduce 都是 Hadoop 中基础的分布式计算框架，主要用来处理非 SQL 类批处理作业，如数据挖掘和机器学习。两者的区别在于：Spark 主要依赖内存迭代，MapReduce 则依赖 HDFS 存储中间结果数据；Spark 内存迭代速度快，是 MapReduce 的 5～10 倍；Spark 内置函数和算法多，支持 MLib、Mathout 等多种数据挖掘和统计分析算法；Spark 对硬件要求高，对内存容量要求大。

　　鲲鹏大数据分析解决方案系统包含管理平面和业务平面，其详细组网如图 3-8 所示。大数据集群建议采用双平面，管理平面是 GE 网络，业务平面是 10GE 网络。优先推荐采用两层网络，如果采用三层网络，则建议网络收敛比是 3：1。客户端可以部署在大数据集群内网、大数据集群外网或者互联网中，可以是物理机，也可以是虚拟机。客户端与所有大数据节点都要保持网络连通。

2. 云手机案例

　　云手机服务器（Cloud Phone Host，CPH）在华为云上基于华为 TaiShan 服务器提供的仿真手机服务，具有云服务的弹性伸缩（横向和纵向）等优势。如图 3-9 所示，云手机业务包括托管型、游戏型和办公型这 3 种典型应用场景，可以无缝兼容安卓原生 App 及对接公有云服务。表 3-5 所示为云手机类型及其应用场景。

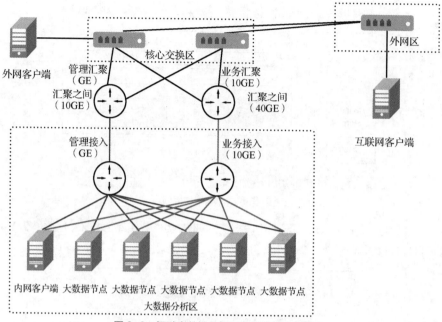

图 3-8　鲲鹏大数据分析解决方案的详细组网

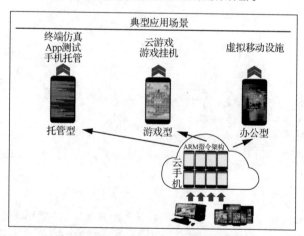

图 3-9　云手机业务典型应用场景

表 3-5　云手机业务类型及其应用场景

业务类型	应用场景
托管型	终端仿真：模拟真机进行系统层测试，如手机 ROM 测试、摄像头算法测试、情感界面（Emotion UI，EMUI）测试等
	App 测试：提供基本安卓环境，支撑 App 的功能、安全、准入等测试
	手机托管：支撑云手机各种托管类应用
游戏型	云游戏：游戏迁移到云端运行，手机端只用于 I/O，实现玩游戏免下载安装，即点即玩，是游戏推广的有效方式
	游戏挂机：采用云手机挂机代练，"解放"玩家自己的手机
办公型	虚拟移动设施（Virtual Mobile Infrastructure，VMI）：通过云手机支持移动办公，实现数据不落地，保障企业信息安全

云手机业务托管型场景是当前使用较多的一个场景。在云手机业务托管型场景中，解决方案聚焦于数据中心内部，不涉及终端用户体验，对客户端用户界面（User Interface，UI）连接要求低。在其他子场景中解决方案大同小异，只是侧重点有所不同。详细的云手机业务托管型场景全栈架构如图 3-10 所示。表 3-6 所示为云手机业务托管型场景各类节点说明。

图 3-10 云手机业务详细的托管型场景全栈架构

表 3-6 云手机业务托管型场景各类节点说明

名称	说明
安卓应用+工具	不同子场景需要运行的安卓应用以及部署的工具不一样，业务按需要进行针对性适配
设备模拟	开源模拟器，只提供 CPU、内存、存储、基础网络等基本模拟
安卓虚拟机/容器	将计算机的各种实体资源，如服务器、网络、内存及存储等转换后呈现出来，打破实体结构间不可切割的障碍，使用户可以采用比原本的组态更好的方式来应用这些资源
Ubuntu/EulerOS 操作系统	用来安装虚拟机软件的操作系统
TaiShan 服务器+专业显卡	高性价比专业显卡支持本地渲染，单机多卡支持

云手机业务托管型场景一般需要配置专业显卡，以支撑虚拟手机的 UI 和所部署应用的渲染。详细的组网情况如图 3-11 所示。

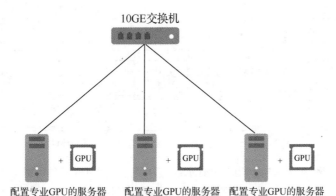

图 3-11 云手机业务托管型场景详细的组网情况

该场景下典型的配置清单如表 3-7 所示。

表 3-7　典型配置清单

配置项	典型配置		说明
	（TaiShan 100）	（TaiShan 200）	
服务器类型	2U 双路机架均衡型	2U 双路机架均衡型	根据用户对机柜空间、磁盘大小、密度、PCI-e 网卡数量等的需求选择合适的服务器类型。机架式服务器最灵活，支持各类硬盘类型，预留多个 PCI-e 槽位，支持 GPU 卡
CPU	2×华为鲲鹏 916 5130 处理器	2×华为鲲鹏 920 7260 处理器	CPU 配置根据用户的业务规格和配置可以动态调整，以提供更多的计算资源
内存插槽	8×32GB	16×32GB	内存配置根据用户的业务规格和配置可以动态调整
本地存储	2×900GB SAS	2×900GB SAS	硬盘配置根据用户的业务规格和配置可以动态调整

3. Web 应用案例

TaiShan 服务器基于鲲鹏处理器，可提供强大的计算和并发能力，在高并发的 Web 业务场景中可以充分发挥鲲鹏处理器多核、内存带宽高的优势，提升了 Web 业务性能。

华为 TaiShan Web 应用解决方案基于 TaiShan 服务器，提供基于开源软件的标准软件服务，具有支持高并发、Web 组件多、支持 RSA 算法硬件卸载、部署简单等特点，可实现业务快速上线，降低运维管理的难度。

华为 TaiShan Web 应用解决方案遵循开放架构标准，支持所有开源 Web 组件，提供了良好的场景适用性。华为 Taishan Web 应用解决方案软件堆栈如图 3-12 所示。该方案相关组件说明如表 3-8 所示。

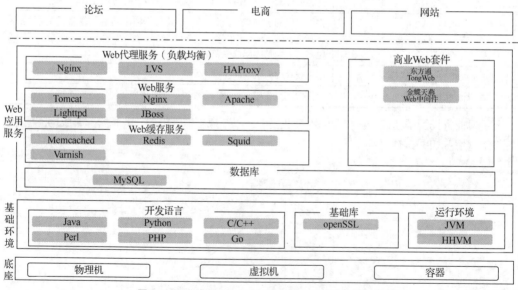

图 3-12　华为 TaiShan Web 应用解决方案软件堆栈

表 3-8　华为 TaiShan Web 应用解决方案相关组件说明

名称	说明
反向代理/负载均衡	常用开源组件有 Nginx 和 LVS 等
Web 服务器	常用开源组件有 Nginx、Apache 和 Tomcat 等 国内的 ISV 组件有东方通（TongWeb）和金蝶天燕（Apusic）

续表

名称	说明
缓存服务器	常用开源组件有 Memcached 等
SSL 卸载	通过 TaiShan 服务器提供的硬件引擎卸载 RSA 算法计算，释放 CPU 算力
硬件平台	TaiShan 服务器

华为 TaiShan Web 应用解决方案可以覆盖图 3-13 所示的典型 Web 场景，可以支持安全套接层（Secure Socket Layer，SSL）协议卸载、反向代理/负载均衡服务、Web 应用、缓存服务、数据库、应用服务和 CDN 服务等。

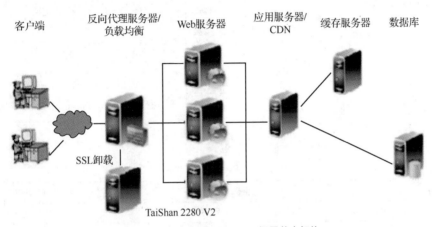

图 3-13　华为 TaiShan Web 场景节点架构

客户端通过互联网访问 Web 网站，首先由反向代理服务器处理超文本传送协议（Hyper Text Transfer Protocol，HTTP）/HTTPS 请求，通过一定的策略（可配置），把 HTTP/HTTPS 请求按需转发到后端的某一台或某几台 Web 服务器，使每台 Web 服务器的负载都比较接近，这时反向代理服务器也起到了负载均衡的作用。

Web 服务器、应用服务器联合后端设备完成客户端的 Web 业务请求，最终的响应经反向代理服务器返回客户端。

在实际部署中，Web 网站可以根据实际访问流量和性能分析，调整每一个组成部分。例如，扩充应用服务器到集群模式，可以大幅增加 Web 业务的处理能力；扩充反向代理服务器或者 Web 服务器到集群，可以大幅减少 Web 业务请求的响应时间，提升用户体验。

SSL 卸载场景是以 Nginx 作为统一的网络访问入口，同时采用 HTTPS 进行安全传输的场景。

鲲鹏处理器的鲲鹏加速引擎（KunPeng Accelerator Engine，KAE）可以对 HTTPS 传输场景中的 SSL/传输层安全（Transport Layer Security，TLS）协议加/解密算法进行卸载，从而大幅提升 HTTPS 处理性能。

该加速方案主要对 HTTPS 请求处理中 SSL/TLS 握手时的非对称加/解密运算进行加速，如图 3-14 所示，加速主要通过 Nginx 异步调用 OpenSSL 的 KAE 来实现，主要针对加密中的 RSA2048 算法运算进行硬件卸载。在性能规格方面，TaiShan 200 产品 2280 型号可以支持 100K OPS。如表 3-9 所示，目前 KAE 对外提供 OpenSSL 应用程序接口（Application Program Interface，API）和自定义 API 两种类型的接口，分别可以通过 Nginx 及用户自研软件进行应用。

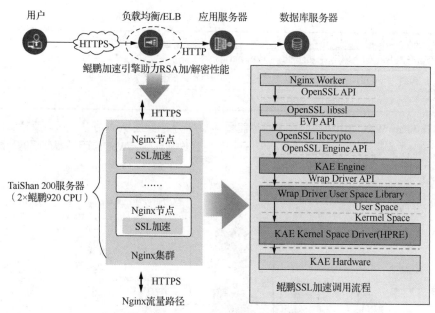

图 3-14　KAE 助力 RSA 加/解密性能

表 3-9　KAE 对外接口

接口	描述	典型应用
OpenSSL API	KAE 以 Engine 方式集成到 OpenSSL 中	Nginx、用户自研软件
自定义 API	用户态 Library，提供自定义 API 供用户软件调用	用户自研软件

第4章

鲲鹏openEuler操作系统

04

学习目标

- 掌握鲲鹏软件生态相关知识
- 掌握操作系统的基本概念和相关知识
- 掌握 openEuler 基础操作

随着云计算的兴起和迅猛发展，服务器操作系统显得越来越重要。openEuler 作为一款开源、免费的操作系统，基于 Linux 内核，支持鲲鹏及其他多种处理器，能够充分释放计算芯片的潜能，适用于数据库、大数据、云计算、AI 等多个应用场景。本章将详细介绍鲲鹏软件生态、操作系统、openEuler 操作系统与鲲鹏处理器等技术原理及应用。

4.1　鲲鹏软件生态

计算产业是 IT 的基础，是每一次产业变革的驱动力，从云计算、大数据、AI 到边缘计算、IoT，都离不开强大的算力。以"智能技术"为特征的第四次工业革命的到来，把人类社会带入智能化时代。为满足智能化时代的计算需求，多种计算架构的组合是最优解决路径。华为将围绕"算、管、AI、存、传"等系列芯片，打造覆盖端、边、云的全栈全场景智能解决方案。

鲲鹏计算产业是基于鲲鹏处理器的基础软硬件设施、行业应用及服务，涵盖从底层硬件、基础软件到上层行业应用的全产业链条，如昇腾 AI 芯片、智能网卡芯片、PC、服务器等硬件产品，以及操作系统、数据库、存储软件、云服务等基础软件和平台软件。

本节首先介绍 ARM 服务器与授权体系，再介绍鲲鹏通用计算平台软件生态。

4.1.1　ARM 服务器与授权体系

CPU 是计算机的主要部件之一，其功能主要是解释计算机指令及处理计算机软件中的数据。目前，计算机根据 CPU 指令集的不同主要分为两大阵营：一个是以英特尔、AMD 为代表的复杂指令集计算机（CISC），采用 x86 架构；另一个是以 ARM、IBM 为代表的精简指令集计算机（RISC），其中，ARM 公司采用 ARM 架构，IBM 公司采用 POWER 架构。

复杂指令集计算机：早期的 CPU 全部是 CISC 体系结构，其设计目的是用最少的机器语言指令来完成所需的计算任务。这种结构会提高 CPU 的复杂性和对 CPU 工艺的要求，但对于编译器的开发十分有利。

精简指令集计算机：RISC 体系结构要求软件来指定各个操作步骤。这种架构可以降低 CPU 的复杂性，同时允许在同样的工艺水平下生产出功能更强大的 CPU，但对于编译器的设计有更高要求。

复杂指令集计算机与精简指令集计算机的对比如表 4-1 所示。

表 4-1　复杂指令集计算机与精简指令集计算机的对比

对比项	复杂指令集计算机	精简指令集计算机
指令系统	复杂	精简
存储器操作	控制指令多	控制简单
程序	编程效率高	需要大内存空间，不易设计
CPU 芯片电路	功能强、面积大、能耗高	面积小、能耗低
设计周期	长	短
应用范围	通用机	专用机

指令系统：RISC 设计者把主要精力放在那些经常使用的指令上，尽量使它们具有简单、高效的特点。对于不常用的功能，则通过组合指令来完成。因此，在 RISC 上实现特殊功能时，效率可能较低，但可以利用流水技术和超标量技术加以改进。而 CISC 的指令系统比较丰富，有专用指令来完成特定功能，因此处理特殊任务效率较高。

存储器操作：RISC 对存储器操作有限制，使得控制变得简单化；而 CISC 的存储器操作指令多，操作直接。

程序：RISC 汇编语言程序一般需要较大的内存空间，实现特殊功能时程序复杂，不易设计；而 CISC 汇编语言程序编程相对简单，科学计算及复杂操作的程序设计相对容易，效率较高。

CPU 芯片电路：RISC 的 CPU 包含较少的单元电路，因而面积小、能耗低；而 CISC 的 CPU 包含丰富的电路单元，因而功能强、面积大、能耗高。

设计周期：RISC 微处理器结构简单，布局紧凑，设计周期短且易于使用最新技术；CISC 微处理器结构复杂，设计周期长。

应用范围：由于 RISC 指令系统的发展与特定的应用领域有关，故 RISC 更适合用作专用机，而 CISC 则更适合用作通用机。

采用精简指令集的 ARM 架构，有着占用芯片面积小、能耗低、集成度更高的特点；同时，ARM 架构的 CPU 核数通常较多，具备更好的并发性能；ARM 架构的指令集还具有指令长度固定、寻址方式灵活、简单，执行效率高的特点；ARM 架构能支持 16 位、32 位、64 位多种指令集，能很好地兼容从 IoT、终端到云端的各类应用场景。但对于复杂运算，RISC 需要通过多条指令组合完成，因此这类应用的处理效率偏低，从而导致应用生态与 CISC 架构有着一定的差距。

ARM 包含 3 种含义：一家公司、一种技术和一类微处理器。ARM 架构是 ARM 公司设计的，ARM 英文全称为 Advanced RISC Machines，该公司总部位于英国剑桥，成立于 1990 年 11 月，是苹果计算机、Acorn 计算机集团和 VLSI Technology 的合资企业。ARM 公司是一家知识产权供应商，它与一般的半导体公司最大的不同就是不制造芯片，而是通过转让设计方案，由合作伙伴生产各具特色的芯片。ARM 公司利用这种双赢的伙伴关系迅速成为全球 RISC 微处理器标准的缔造者。ARM 公司授权体系包括架构/指令集授权、处理器授权和处理器优化包（Processor Optimization Pack，POP）授权。其中，架构/指令集授权可以使用户按照所授权的架构和指令集（如 ARMv8）自行编写代码、设计芯片。ARM 目前在全球拥有大约 1000 个授权合作、320 家伙伴，但是购买架构/指令集授权的厂家不超过 20 家，我国华为、飞腾和华芯通（高通）获得了架构/指令集授权。华为的鲲鹏处理器就是基于 ARM 架构设计并制造的。

目前，使用 ARM 架构生产的芯片有鲲鹏 920 等。使用 ARM 处理器的服务器称为 ARM 服务器，目前华为主要的 ARM 服务器有 TaiShan 200 服务器，如图 4-1 所示。

图 4-1　TaiShan 200 服务器

4.1.2　鲲鹏通用计算平台软件生态

鲲鹏计算产业是基于鲲鹏处理器的基础软硬件设施、行业应用及服务，涵盖从底层硬件、基础软件到上层行业应用的全产业链条。其中，在基础软件层面，华为进行了开源，分别有 openEuler 操作系统、openGauss 数据库、openLooKeng 数据虚拟化引擎和 MindSpore AI 计算框架。通过开源的方式，可以减少共性研发投入，聚焦差异化价值，进而构建高质量的基础软件生态。

在鲲鹏开源基础软件中，openEuler 操作系统吸引全球开源贡献者共同构建一个创新、有活力的操作系统平台，为其他应用提供高效、稳定的操作系统环境。

openGauss 数据库采用木兰宽松许可证 v2 发行，深度融合华为在数据库领域多年的经验，结合企业级场景需求，持续构建领域内的竞争力特性。openGauss 数据库具有以下特点。

（1）高性能。面向多核架构的并发控制技术、NUMA-Aware 存储引擎、智能选路执行技术，以及面向实时高性能场景的内存引擎。

（2）高安全。采用细粒度访问控制、多维度审计等精细安全管理机制，具有存储、传输和导出加密等全方位数据保护能力。

（3）易运维。具备参数调优功能，结合深度强化学习方法和启发式算法，实现参数自动推荐。基于多维性能自监控视图，可实时掌控系统性能表现，同时提供在线自学习的 SQL 时间预测、快速定位、急速调优。

（4）全开放。采用木兰宽松许可证协议，允许对代码自由修改、使用、引用。完全开放数据库内核能力，并联合开发者和伙伴共同打造数据库周边能力。同时，openGauss 社区是一个开源的数据库平台，开放伙伴认证、培训体系及高校课程，鼓励社区贡献、合作。

openLooKeng 数据虚拟化引擎提供统一 SQL 接口，具备跨云数据源/数据中心分析能力，以及面向交互式、批、流等融合查询能力。openLooKeng 数据虚拟化引擎增强了前置调度、跨源索引、动态过滤、跨源协同、水平拓展等能力，具有以下重要特点。

（1）极简的数据分析体验。统一的 SQL 接口可访问多种数据源，支持跨数据中心、跨云数据源分析。

（2）灵活、易扩展。可通过增加连接器（Connector）来增加数据源，实现"采集变连接、数据零迁移"。

（3）高可靠性。具备全 Active-Active 架构，确保业务零中断。

鲲鹏处理器和配套基础软件的技术特征使其在大数据、分布式存储、ARM 原生、数据库、云平台等应用场景具备显著优势。

在大数据场景中，鲲鹏多核高并发架构能够有效匹配大数据负载应用特征，提高大数据应用任务并发度，以获得更好的处理性能。

在分布式存储场景中，鲲鹏多核高并发架构天然适配分布式存储软件，通过将软件管理平面与数据平面分别绑定至足够多的 CPU 核心上，能够避免相互干扰，使资源匹配更精准、合理，提供高效的存算分离服务。

在 ARM 原生场景中，目前移动端超过 90%的应用基于 ARM 架构原生开发，鲲鹏处理器具备端云同构优势，与原生应用 100%兼容，可提供更高的上云效率。例如，基于同构算力部署典型的云手机应用场景，云侧和端侧可实现对海量移动应用的完全兼容，避免指令翻译导致的性能损耗。

在数据库场景中，通过软硬件协同优化提升效率。例如，应用 RoCE 和 NUMA 技术缩短 CPU 访问外部网络与内存的路径，通过多核调度算法管理高并发访问时 CPU 内核之间的协同问题，提升系统性能。

在云平台方面，结合鲲鹏多核结构特点，在虚拟化层面通过对多核调度进行优化，大幅降低虚拟化软件的 CPU 访问时延，降低业务对 CPU 的占用率，从而提升云服务整体性能。

4.2 操作系统与 openEuler

生活中，小到智能可穿戴设备、电视盒子、手机、平板电脑，大到计算机、服务器、路由交换设备，都离不开操作系统。本节先介绍什么是操作系统、操作系统具体能做什么，再介绍 openEuler 操作系统，以及 openEuler 与鲲鹏处理器。

4.2.1 操作系统的基本概念

操作系统是管理计算机硬件和软件资源、为计算机程序提供通用服务的系统软件。操作系统通过硬件驱动和库文件对硬件进行抽象，屏蔽硬件差异，为软件提供标准的接口和服务，使应用软件能够运行在一个稳定的平台上。操作系统对硬件的抽象，使得应用程序开发者可以专注软件功能，而不必关心硬件差异。操作系统同时提供丰富的 I/O 功能，以及系统软硬件状态的监控功能。

4.1.1 节介绍了 CPU 指令集。在程序执行过程中，是需要 CPU 和内存及外存等设备进行交互的，设想早期只有硬件的情况下，如果需要将计算的数据写入内存，则需要自行划分出一块内存区域，并将计算的数据填写进去，这时候用户不但要掌握程序语言，还要学会如何申请内存、如何定位内存地址等。这么一来，只有懂得底层技术的人员才能使用计算机。因此，为了避免人与硬件之间的这种交互，提出了操作系统的概念，如图 4-2 所示。

图 4-2　操作系统

从操作系统的发展历程看，操作系统经历了手动操作系统、批处理操作系统、多道程序操作系统、分时操作系统和实时操作系统这 5 个阶段，其中分时操作系统是人们较为熟悉和使用得较多的操作系统。

（1）手动操作系统：通过手动的方式，管理硬件与程序之间的交互。准确地说，这个阶段没有具体的操作系统的概念，数据存放在纸带或者卡片上，并且程序执行是串行的，一个程序执行完成后，才能执行下一个程序。显而易见，这样操作的效率非常低。

（2）批处理操作系统：随着硬件技术的发展及计算能力的提高，硬件执行的速度要快于手动操作，因此发展出批处理操作系统。在"批处理操作系统时代"，机器不是通过程序员去操作的，而是由操作员对任务进行组合，形成一个执行序列，再交给计算机进行批量处理，这种方式称为联机批处理。但是在程序 I/O 过程中，CPU 处于停滞等待状态，并没有很好地利用计算能力，因此为了提高 CPU 利用率，就产生了脱机批处理。脱机批处理与联机批处理不同的是，在原来的 I/O 设备中间，增加了一台卫星机。卫星机的主要作用是接收 I/O 的内容，并交给与主机相连接的磁带，这样主机就避免了与慢速 I/O 设备相连，可以快速读取/写入磁带上的信息。批处理操作系统如图 4-3 所示。

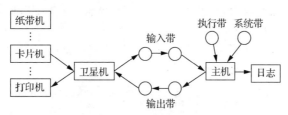

图 4-3　批处理操作系统

由于脱机批处理的出现，产生了监督程序，监督程序主要管理作业运行，如编译程序、汇编程序等。监督程序可以说是脱机批处理时代的操作系统。

（3）多道程序操作系统：批处理操作系统有效地解决了作业执行问题，但在作业执行过程中，仍然是一个一个作业按顺序执行的，因此称为单道程序系统。随着集成电路的诞生，硬件性能进一步提升，诞生了多道程序操作系统，即将多个独立作业同时加载到内存中，操作系统能根据一定的规则，调度这些作业在 CPU 上交替运行，以共享计算机资源。例如，当一个程序等待 I/O 操作时，操作系统能调度另一个程序使用 CPU 进行计算，这进一步提升了 CPU 利用率。多道程序操作系统是现代操作系统的雏形。

（4）分时操作系统：在多道程序操作系统中，用户提交作业后，要等待系统分批执行，在此期间，用户无法干预，所以从本质上来说，多道程序操作系统还是属于批处理操作系统。随着硬件技术的进一步发展，用户希望提交的任务能被快速响应，加快人机交互，于是分时操作系统应运而生。分时操作系统的核心思想是对 CPU 时间进行分割，分割后轮流交给应用程序使用，也就是说每个程序能够分配到一定的时间片，因为 CPU 计算很快且分割的时间很短，所以给用户的体验像独占了计算机资源一样。计算机上的 Windows、Linux，以及手机上的安卓和 iOS 等操作系统都属于分时操作系统。

（5）实时操作系统：实时操作系统是能保证在一定时限内，完成特定功能的操作系统。虽然分时操作系统和批处理操作系统能充分利用系统资源并提高响应速度，但在一些实时性要求高的场景中，如在军事、航空、航天、高铁等领域的实际场景中，之前介绍的操作系统就无法满足了。实时操作系统可以满足这些实时性要求较高的场景。

从硬件管理上看，操作系统主要提供 CPU 管理、内存管理和设备管理功能；从软件资源和通用服务上看，操作系统主要提供文件管理和用户接口功能。下面具体介绍操作系统的每个功能。

（1）CPU 管理：CPU 是以轮换的方式执行的，因此操作系统对 CPU 的管理分为以下 3 个方面。

① CPU 调度，也就是分配 CPU 资源，允许哪个程序能获得 CPU 资源。

② 中断响应及管理，当某个作业的优先级高于当前作业时，当前作业执行就会被中断。中断前

会保存当前作业执行的上下文环境,以便之后恢复该作业时使用。

③ 作业恢复,当被中断的作业重新获得 CPU 资源时,需要对中断作业进行恢复,使得中断作业能够继续执行。

(2)内存管理:内存作为与 CPU 直接交互的资源,其性能对系统影响很大,因此内存管理主要用于提高内存利用率以及解决内存共享的问题。内存管理主要分为以下 4 个方面。

① 物理内存地址的分配与回收,程序执行需要分配内存,执行完成后需要回收内存,所以内存的分配与回收是内存管理的主要任务之一。

② 内存限制,每台主机的内存大小都是有限制的,当使用量超过主机内存大小时,操作系统会将一部分数据转移到外存的虚拟空间中,释放内存空间,为其他程序分配使用。

③ 虚拟地址映射,现代操作系统多使用虚拟内存对物理内存进行访问,因此操作系统需要完成虚拟内存到物理内存的地址转换。

④ 加速地址转换,因为多了一层虚拟层,在性能上会有一定影响,所以操作系统需要协助硬件进行地址转换加速,以降低性能影响。

(3)设备管理:操作系统需要管理计算机的各类 I/O 设备,负责设备的分配、控制和 I/O 缓冲区管理等。

① 设备分配,协调用户与外设之间的调配。

② 设备控制,将应用对外设的请求转换为对外设的控制。

③ I/O 缓冲区管理,用于解决 I/O 与 CPU 的速度不匹配的问题,管理各类 I/O 设备数据缓存。

(4)文件管理:由于内存中的数据无法永久保留,断电后,内存中的数据就会丢失,因此需要通过外存来持久化保存数据。为了简化外存的使用,操作系统将资源、设备、数据都抽象成文件,因此对文件的管理就是对外存中存放的内容的管理。文件管理主要有以下 3 个方面。

① 文件目录管理,文件按照目录的树形结构进行存放,能够较容易地进行查找、读写。

② 文件存储空间管理,操作系统为每个文件分配物理空间进行文件存放,同时记录空间的使用情况。

③ 文件的读写,对文件进行的读取或者写入操作都由操作系统来调度。

(5)用户接口:操作系统提供的用户接口。为了提高用户交互效率,一般用户接口分为命令接口和 API。

① 命令接口:用户通过发出的一系列命令,对程序进行操作和控制,如常用的磁盘操作系统(Disk Operating System,DOS)或者 Shell 命令。当然,图形化也属于命令接口的一种,当单击某个图表时,实际上也是通过命令对程序进行操作的。

② API:可以直接使用操作系统资源,使操作系统的资源自动化、透明化。

4.2.2　openEuler 操作系统

华为手机使用的操作系统是 HarmonyOS,华为服务器使用的操作系统是 openEuler。openEuler 是一个面向全球的操作系统开源社区,通过社区合作打造创新平台,构建支持多处理器架构、统一和开放的操作系统,推动软硬件应用生态繁荣发展。

openEuler 的前身是运行在华为通用服务器上的操作系统 EulerOS。EulerOS 是一款基于 Linux 内核(目前是基于 Linux 4.19 的内核)的开源操作系统,支持 x86 和 ARM 等多种处理器架构。在近 10 年的发展历程中,EulerOS 始终以安全、稳定、高效为目标,成功支持了华为的各种产品和解决方案，成为国际上颇具影响力的操作系统。

随着云计算的兴起和华为云的快速发展，服务器操作系统显得越来越重要，这极大地推动了 EulerOS 的发展。另外，随着华为鲲鹏芯片的研发，EulerOS 理所当然地成为与鲲鹏芯片配套的软件基础设施。为推动 EulerOS 和鲲鹏生态的持续快速发展、繁荣国内和全球的计算产业，目前，EulerOS 已被正式推送至开源社区，更名为 openEuler。openEuler 也是一个创新平台，鼓励任何人在该平台上提出新想法、开拓新思路、实践新方案。所有个人开发者、企业和商业组织都可以使用 openEuler 社区版本，也可以基于 openEuler 社区版本发布自己二次开发的操作系统版本。基于 EulerOS 多年的技术积累，在开源社区的支持下，openEuler 已经在计算、通信、云、AI、教育等领域表现出了强大活力。

openEuler 有两个版本：一个是创新版本，另一个是长期支持（Long-term Support，LTS）版本。创新版本的内容较新，主要支撑 Linux 爱好者技术创新，如 openEuler 20.09，通常每半年发布一个新版本；LTS 是 openEuler 的稳定版，主要用于企业等对业务稳定性要求高的服务器，如 openEuler LTS 20.03，通常每两年发布一个新版本。

4.2.3 openEuler 与鲲鹏处理器

openEuler 作为一种通用服务器操作系统，具有通用系统架构，其中包括内存管理子系统、进程管理子系统、进程调度子系统、进程间通信（Interprocess Communication，IPC）、文件系统、网络子系统、设备管理子系统和虚拟化与容器子系统等。openEuler 为充分发挥鲲鹏处理器的优势，在以下 5 个方面进行了增强。

（1）多核调度技术：面对多核到众核的硬件发展趋势，openEuler 提供一种自上而下 NUMA-Aware 的解决方案，以提升多核调度性能。当前，openEuler 已在内核中支持免锁优化、结构体细化、增强并发度、NUMA-Aware for I/O 等特性，以增强内核层面的并发度，提升整体系统性能。

（2）软硬件协同：提供了 KAE 插件，支撑鲲鹏硬件加速能力，通过和 OpenSSL 相结合，在业务零修改的情况下，显著提升了加/解密性能。

（3）轻量级虚拟化：iSulad 轻量级容器全场景解决方案提供从云到端的容器管理能力，同时集成 Kata 开源方案，显著提升了容器隔离性。

（4）指令级优化：优化了 OpenJDK 内存回收、函数内联（Inline）化和弱内存序指令增强等方法，提升了运行时性能，还优化了 GNU 编译器（GNU Compiler Collection，GCC），使代码在编译时能充分利用处理器流水线。

（5）智能优化引擎：增加了操作系统配置参数智能优化引擎 A-tune。A-tune 能动态识别业务场景，智能匹配对应系统模型，使应用运行在最佳系统配置下，提升业务性能。随着近几年 AI 技术的迅速发展，操作系统融入 AI 元素也成为一种明显趋势。

4.3 openEuler 基础操作

4.3.1 openEuler 安装流程介绍

4.2.1 节中介绍了 openEuler 操作系统的基本概念，本节介绍安装 openEuler 的关键步骤。openEuler 的安装流程分为 4 步，如图 4-4 所示。

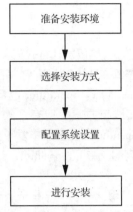

图 4-4　openEuler 的安装流程

1．准备安装环境

openEuler 支持 ARM 架构和 x86 架构计算平台安装，但这两个平台的安装文件不相同。因此，需要针对不同安装环境下载相应的安装文件。可以从 openEuler 社区获取安装文件。

2．选择安装方式

openEuler 的安装方式和其他操作系统一样，支持各种类型的安装方式。通常在少量安装时，可采用 U 盘、光盘或虚拟光驱的方式安装；在批量安装时，可采用预启动执行环境（Preboot Execution Environment，PXE）引导的方式安装。

3．配置系统设置

openEuler 在安装时需要配置系统设置参数，如安装语言、安装位置、软件安装版本、主机名、网络配置等（详细配置信息将在第 10 章中讲解）。

4．进行安装

完成以上 3 步后，就可以进行 openEuler 操作系统的安装了。

在安装过程中，需要对安装位置进行设置，主要是设置系统安装位置，选择系统安装的磁盘；同时，可采用自动或手动的模式设置系统安装分区。手动模式下可自行设置分区，包括采用普通分区、逻辑卷及精简模式逻辑卷。启动 openEuler 时建议设置以下两个分区。

（1）swap：交换分区，在内存空间不足时，用于置换内存中的脏数据。小内存情况下建议将其设置为内存大小的两倍；内存较大时，可以根据情况减少分配。

（2）/：根分区，Linux 中一切从根分区开始。在根分区下，应设置以下两个路径。

① /boot：系统引导程序。

② /boot/efi：可扩展固件接口（Extensible Firmware Interface，EFI）固件要启动的引导器和应用程序。openEuler for ARM 的启动方式为 UEFI，需要创建/boot/efi 分区才可以启动。

在安装过程中，可以对需要安装的软件包进行选择，openEuler 20.03 LTS 目前支持以下 3 种软件安装方式。

（1）最小安装：最小化安装 Linux，大部分软件不会安装，适用于有一定 Linux 基础，想深入了解 Linux 架构的用户，可选择性安装其他软件。

（2）服务器：安装服务器场景涉及的相关软件，可选择性安装其他软件。

（3）虚拟化主机：安装虚拟化场景涉及的相关软件，可选择性安装其他软件。

4.3.2 openEuler 的基础操作

openEuler 安装完成后，需要登录才能使用。openEuler 支持的登录方式有两种：本地登录和远程登录。

（1）本地登录：类似于打开自己的计算机或者服务器直接连接显示器的方式。一个典型的 Linux 操作系统将运行 6 个虚拟控制台和一个图形控制台，openEuler 目前暂未支持图形化界面，可以通过 Ctrl+Alt+F[1-6]在 6 个虚拟控制台之间进行切换。

（2）远程登录：默认情况下，openEuler 支持远程登录，也可以通过修改配置将其设置为不能远程登录。可以通过 PuTTY、Xshell 等终端工具远程登录 openEuler。

在安装操作系统时，系统会默认安装 root 用户，但需要在安装过程中对 root 用户密码进行设置。root 是 Linux 操作系统中的一个特殊管理员，通常称为超级管理员，类似于 Windows 操作系统中的 Administrator。root 用户拥有最高权限，甚至可以无限破坏系统，因此需要加强 root 用户的使用安全。在生产型服务器中，除非必要，建议不要使用 root 用户。

可以通过命令提示符了解当前是 root 用户还是普通用户。在 UNIX 或者 Linux 操作系统中，root 用户命令提示符最后一般是#，普通用户一般是$。

可以使用 id 命令查看当前用户名和 UID。UID 指的是用户的 ID（User ID），一个 UID 标示了一个给定用户，UID 是用户的唯一标示符，通过 UID 可以区分不同用户的类别（用户在登录系统时是通过 UID 来区分用户的，而不是通过用户名来区分）。root 用户的 UID 为 0；虚拟用户，也称为系统用户，其 UID 为 1～999，虚拟用户的最大特点是不提供密码即可登录系统，它们的存在主要是为了方便系统管理；普通用户的 UID 为 1000～60000，普通用户可以对自己目录下的文件进行访问和修改，也可以对经过授权的文件进行访问。

可以使用 useradd 命令来创建用户，使用 su - username 命令切换用户，使用 usermod 命令对用户属性进行修改，使用 userdel 命令删除用户，使用 passwd 命令修改用户密码。

用户组是具有相同特性用户的逻辑集合，通过组的形式使具有相同特性的多个用户能够拥有相同权限，以便管理；每一个用户都拥有自己的私有组；同一组内的所有用户可以共享该组下的文件；每一个用户组都会被分配一个特有的 ID，即组 ID（Group ID，GID）。和 UID 类似，GID 作为唯一标识符来标示系统中的一个用户组。

可以通过命令 id [option] [user_name]来查看 GID 以及每个用户组下拥有的用户数量。

可以使用 groupadd 命令来创建用户组，使用 groupmod 命令对用户组进行修改，使用 groupdel 命令删除用户组，使用 gpasswd 命令添加用户到组中或删除用户组中的用户。

openEuler 涉及用户信息管理的文件有以下两个：/etc/passwd，用户账号信息文件，在这个文件中，保存着系统中所有用户的主要信息，每一行代表一个记录，每一行用户记录中定义了用户各方面的相关属性；/etc/shadow，用户账号信息加密文件（又被称为"影子文件"），用于存储系统中用户的密码信息，由于/etc/passwd 文件允许所有用户读取，容易导致密码泄露，因此将密码信息从该文件中分离出来，单独放置在/etc/shadow 文件中。

权限是操作系统用来限制对资源访问的一种机制，权限一般分为读、写、执行这 3 种。在 Linux 操作系统中，不同用户所处的地位不同，不同地位的用户拥有不同的权限等级。为了保证系统安全，Linux 操作系统针对不同用户的权限制定了不同规则。在 Linux 操作系统中，每个文件或目录都有特定的访问权限、所属用户及所属组，通过这些规则可以限制什么用户、什么组可以对特定文件执行什么样的操作。可以使用 ls--l 命令将文件权限的详细信息呈现出来。例如：

```
drwxr-xr-x. 2 root root 4096 Jun  1 14:00 shili
```

示例中第一位代表文件类型。Linux 中有 7 种文件类型，如表 4-2 所示。

表 4-2　Linux 中的 7 种文件类型

文件类型	解释说明
-	普通文件，不属于其他 6 种类型的文件
d	目录
b	块设备文件，随机存取装置
c	字符设备文件，键盘、鼠标等一次性读取装置
l	符号链接（link）文件，指向另一个文件
p	命名管道（pipe）文件
s	套接字（socket）文件

从示例中可以看到，该文件为一个目录，类似于 Windows 中的文件夹。

那么示例中的 rwx 又代表什么呢？

Linux 文件或目录的权限是由 9 个权限位来控制的，每 3 位为一组，都由 r、w、x 这 3 个参数组合而成，其中 r 代表读（read）权限，w 代表写（write）权限，x 代表执行（execute）权限且这 3 个权限位的位置在文件或目录中是不变的。若没有权限，则用"-"表示。r 表示允许读取文件内容或目录下的全部内容，w 表示允许写文件或在目录下创建、删除文件，x 表示允许执行文件或进入目录，"-"表示无任何权限（在 r、w、x 的位置处显示为-）。

每组权限还可以用数字来表示，以 drwxr-xr-x. 2 root root 4096 Jun　1 14:00 shili 为例，其表示信息如表 4-3 所示。

表 4-3　Linux 文件权限表示信息

位置	权限代号	对应二进制值	对应十进制值	权限详情
第 2、3、4 位	rwx	111	4+2+1=7	文件所有者可读、可写、可执行
第 5、6、7 位	r-x	101	4+1=5	同组用户可读、不可写、可执行
第 8、9、10 位	r-x	101	4+1=5	其他用户可读、不可写、可执行

Linux 中涉及权限的相关命令如下。

（1）chmod 命令：用于修改文件权限。Linux 的文件权限分为 3 级：文件所有者、群组及其他。chmod 命令使用权限为文件所有者。通过 chmod 命令可以控制文件被何人调用，假如有一个文本文件 test.txt，如果需要修改成示例中的权限，则可以使用 chmod 命令，命令如下：chmod 755 test.txt。其中，755 可以分别代表每组的权限。

（2）chown 命令：用于修改文件属主、属组。Linux 作为多用户多任务系统，所有文件都有其所有者，通过 chown 命令可以将特定文件的所有者更改为指定用户或组。chown 命令使用权限：管理员（root 用户）。

（3）chgrp 命令：用于修改文件属组。通过 chgrp 命令可以对文件或目录的所属群组进行更改。chgrp 命令使用权限：管理员（root 用户）。

（4）umask 命令：指定在建立文件时进行权限掩码的预设。umask 命令使用权限：管理员和普通用户。

第5章
鲲鹏openGauss数据库

学习目标

- 掌握数据库基础知识
- 掌握 openGauss 数据库基础知识
- 了解 openGauss 数据库的安装

随着大数据应用、云计算技术的迅猛发展，数据管理、数据流转、数据分析处理等技术成为热点，数据库作为数据的核心技术也越发重要。openGauss 作为一款开源的关系数据库，深度融合了华为在数据库领域多年的经验，结合企业级场景需求，为企业提供高性能、高安全性、高可靠性的数据库。

本章将介绍数据库的发展史和相关概念、结构查询语言、openGauss 数据库架构、openGauss 数据库各个模块的功能和原理，以及 openGauss 数据库的特性。

5.1 数据库基础知识

数据库技术是 20 世纪 60 年代兴起的一门信息管理自动化的学科，从早期单纯的对数据文件的保存和处理，发展到以数据建模和数据库管理系统核心技术为主的一门内容丰富的学科，成为现代计算机应用系统的基础和核心。

数据库是数据管理的产物，数据管理是数据库的核心任务，其内容包括对数据的分类、组织、编码、存储、检索和维护。随着计算机应用的不断发展，在计算机应用领域中，数据处理逐渐占据主导地位，数据库技术的应用也越来越广泛。绝大多数的信息系统需要使用数据库来组织、管理、操纵、存储业务数据。

本节首先介绍数据库的发展史，然后介绍数据库相关概念，最后介绍结构查询语言。

5.1.1 数据库的发展史

在计算机诞生前，人们通过表格、卡片、纸带等方式，对数据进行存储与管理。这样的方式运行效率低下，极易出错，并且需要耗费大量人力。随着计算机技术的发展，人们越来越多地使用计算机进行数据的管理。在操作系统出现之后，随着计算机应用范围的扩大，需要处理的数据量迅速增长。最初，数据与程序一样，以简单的文件作为主要存储形式。以这种方式组织的数据在逻辑上更简单，但可扩展性差，访问这种数据的程序需要了解数据的具体组织格式。当系统数据量大或者用户访问量大时，应用程序还需要解决数据的完整性、一致性及安全性等一系列问题。因此，必须开发一种系统软件，使其能像操作系统屏蔽硬件访问复杂性那样，屏蔽数据访问的复杂性。由此，在 20 世纪 60 年代产生了数据管理系统，即数据库，如图 5-1 所示。

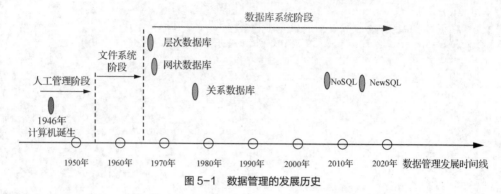

图 5-1　数据管理的发展历史

相较于数据管理的人工管理阶段和文件系统阶段，数据库系统阶段具有以下特点。

（1）整体数据结构化：数据结构是面向整个组织的，而不是针对某一个应用的。在数据库中，记录（Record）是数据的基本单元，通常用于表示某个实体或事务的信息。记录的结构和记录之间的关系由数据库管理系统维护，从而减轻了程序员的工作量。

（2）数据共享度高：数据可以被多个应用共享，可以减少数据冗余，节约存储空间。数据共享能够避免数据之间不相容和数据不一致性。数据不一致性是指同一数据不同副本的值不一样。

（3）易扩充：因为要考虑整体系统的需求，形成有结构的数据，所以数据库管理系统弹性高、易扩充，可以适应多种要求。

（4）物理独立性：数据的物理存储特性由数据库管理系统管理，应用程序不需要了解，只需要处理逻辑结构，数据的物理存储改变时，应用程序不用更改。

（5）逻辑独立性：数据库的数据逻辑结构改变时，应用程序可以不更改（模型变化不影响应用程序，应用程序通过语义化的编程语言 SQL 来实现对数据的访问）。

（6）具有统一的管理与控制：数据库管理系统提供数据的安全性保护、数据的完整性检查、并发控制，以及数据库的恢复能力。

自数据库管理系统发展以来，诞生了多种数据库模型，其中典型的数据库模型有层次模型、网状模型和关系模型等。

层次模型以"树结构"的方式表示数据记录之间的关系，如 Windows 中的注册表。在层次模型中，每个节点表示一个记录，记录之间的关系用节点之间的连线（有向边）表示，这种关系是父子之间的一对多的关系。这就使得层次数据库只能处理一对多的实体关系。其示例如图 5-2 所示。

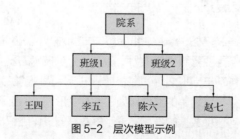

图 5-2　层次模型示例

网状模型就是用一个网络图的结构表示记录之间的关系。网状数据库采用网状模型作为数据的组织方式，可以描述多对多的父子关系。其示例如图 5-3 所示。

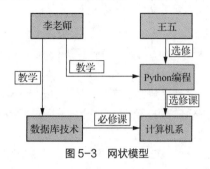

图 5-3　网状模型

关系模型诞生于 20 世纪 70 年代，是现有数据库模型中"活"得最久、生命力最旺盛、使用最为广泛的数据库模型之一。关系模型在刚被提出来时，并未受到重视，但是在 20 世纪 80 年代成了绝大多数人的首选数据库模型。关系模型基于关系代数，数据可以被组织成关系（在 SQL 中称作表），其中每个关系是元组（在 SQL 中称作行）的无序集合。换句话说，一个关系（表）实际上是多个元组（行）的集合。关系模型解决了层次模型无法表达多对多关系的问题。其示例如图 5-4 所示。

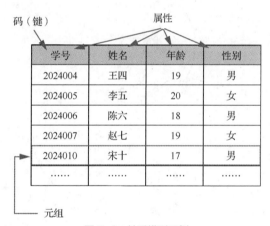

图 5-4　关系模型示例

在关系数据库中，读取数据时不再需要像访问链表一样去访问数据，开发者可以随意读取表中的任意行和列。此外，关系数据库引入了外键的概念，使得表和表之间可以轻易地关联起来。

综上所述，层次模型的优点在于拥有简单、清晰的数据结构和较高的查询效率，但在多对多的情况下，会出现数据冗余，以及无法清晰描述现实世界中的非层次关系的问题。网状模型具有较好的存取性能，也能应对复杂的多对多的现实场景，但随着业务增多，结构会越来越复杂。相较于以上两种模型，关系模型虽然存取效率不高，但是建立在严格的数学理论基础上，能够使用关系来表示实体与实体之间的关系，并且具有较高的独立性和保密性，能简化程序员的开发工作。因此，关系模型以其强大的灵活性和适应性成了开发者的首选数据库模型。典型的关系数据库有 DB2、Oracle、MySQL、GaussDB、OceanBase、TiDB 等。

随着移动互联网、大数据的兴起，传统关系数据库在应对高并发场景，特别是超大规模和高并发的社交类型的移动互联场景时，已经力不从心，暴露了很多难以克服的问题，而非关系数据库则由于其自身特点得到了迅速发展。非关系数据库的诞生就是为了解决大规模数据集合、多重数据种类带来的挑战，尤其是大数据应用难题。

NoSQL 一词最早出现于 1998 年，是卡罗·斯特罗兹开发的一个轻量级、开源、不提供 SQL 功能的基于 Shell 的关系数据库。2009 年，NoSQL 再次被提出时，其概念已经改变了，现在被广泛接受的 NoSQL，其含义是"Not Only SQL"，是对不同于传统关系数据库的数据库管理系统的统称。

NoSQL 多采用对数据进行分区或者分布的方式，对数据进行分散，同时利用大量节点并行处理获得高性能；NoSQL 用于超大规模数据的存储，这些类型的数据存储不需要固定的模式，无须多余操作就可以横向扩展；对于 NoSQL 的事务，降低原子性、一致性、隔离性和持久性（Atomicity，Consistency，Isolation and Durability，ACID）一致性约束，允许出现暂时不一致，接受最终一致，多采用一致性、可用性和分区容错性（Consistency，Availability and Partition Tolerance，CAP）理论和 BASE 原则。BASE 原则是指：基本可用（Basically Available），系统能够基本运行、一直提供服务；软状态（Soft-State），系统不要求一直保持强一致状态；最终一致性（Eventual Consistency），系统需要在某一时刻后达到一致性要求。CAP 理论指出：任何分布式系统无法同时满足一致性、可用性和分区容错性，最多只能满足其中的两个。CAP 理论如图 5-5 所示。

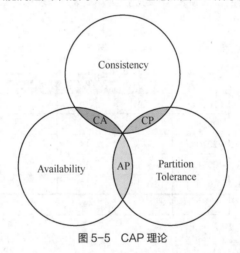

图 5-5　CAP 理论

依据结构化方法及应用场合的不同，NoSQL 数据库主要分为以下几类，如图 5-6 所示。

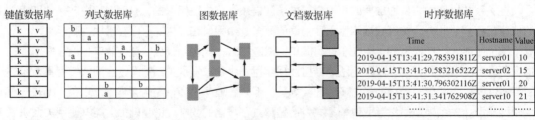

图 5-6　常见 NoSQL 数据库类型

（1）键值数据库：使用 Key 指向 Value 的数据模型，提供极高的并发读写性能，多用于缓存用户信息、配置文件等场景，其代表有 Redis 和 Memcached。

（2）列式数据库：采用列相关的存储架构存取数据，在数据处理、数据分析场景中具有较好的性能，适用于批量数据处理和即时查询场景，其代表有 HBase 和 Cassandra。

（3）图数据库：采用图结构进行语义查询的数据库，能快速、直观显示数据节点之间的关系，简单、快速地检索难以在关系数据库管理系统中建模的复杂层次结构，其代表有 Neo4j、Infinite 和 Graph。

（4）文档数据库：采用类似于键值的数据结构，无须定义表的结构，可以方便地存储半结构化数据或 JSON 类型的数据，具有较好的可扩展性和在海量数据中快速查询数据的特点，多用于日志信息的存储或数据分析场景，其代表有 CouchDB 和 MongoDB。

（5）时序数据库：着力于高性能查询与存储时序型数据，广泛用于存储系统的监控数据、IoT 行业的实时数据等场景，其代表有 InfluxDB 和 kdb+。

NewSQL 被定义为下一代数据库，是对各种新的可扩展/高性能数据库的统称，兼具 NoSQL 数据库的海量存储管理能力和关系数据库的 ACID 特性及 SQL 便利性。NewSQL 虽然内部结构相较于 NoSQL 变化很大，但是有 3 个显著的特点：支持关系模型；使用 SQL 作为主要接口；满足分布式数据库特点。NewSQL 的新特性主要表现在对关系数据库事务特性和 SQL 机制的支持，以及对分布式数据库特性的支持。NewSQL 可以从架构、SQL 引擎、分片模式这 3 个角度进行分类。

（1）架构：代表数据库有 Google Spanner、VoltDB、Clustrix、NuoDB。这类数据库工作在分布式节点集群上，数据分片存储，SQL 查询在不同节点上分片计算。

（2）SQL 引擎：代表数据库有 TokuDB、MemSQL。这类数据库有高度优化的 SQL 引擎。

（3）分片模式：代表数据库有 ScaleBase、dbShards、ScaleArc。这类数据库提供分片中间件层，数据自动分布在多个节点上运行。

云数据库和 AI 原生数据库也属于 NewSQL，特点是将云和 AI 能力融入数据库技术。

面对数据规模的爆炸式增长，以及数据应用模式的不断丰富，企业使用传统关系数据库支撑新业务时，开始频繁出现新旧业务资源分配不合理、软硬件结构配置欠优化等问题，这促使云计算和虚拟化技术快速发展，利用虚拟化技术屏蔽硬件的物理隔离性，以服务模式代替独立部署模式，将可配置的资源（如网络、服务器、存储、依赖系统等）组成共享资源池，实现弹性和高效的资源利用。随着云计算技术的大规模应用，传统的各类软件都开始由独自部署模式向云服务模式转变。其中，数据库作为信息系统的核心软件，逐渐被数据库企业附加云化能力，形成云数据库，以服务或产品形式对外提供技术支撑。云数据库也将作为未来数据库的发展形态，以支撑各类业务场景。

随着 AI 技术的发展，AI 与数据库的融合越来越紧密。为了提高数据库处理 AI 相关数据的存取能力，数据库中设计了更多适合 AI 调用的算法或函数；同时，为了提高数据库的运维能力，将 AI 相关技术融入数据库运维，形成数据库的自治、自我优化能力，使数据库能够更加智能运行、维护和管理。目前 AI 原生数据库还处于起步阶段，面临着许多挑战，但也有部分数据库产品开始尝试将 AI 技术融入数据库。

5.1.2　数据库相关概念

传统关系数据库主要用于 OLTP 和联机分析处理（OnLine Analytical Processing，OLAP）。OLTP 系统用于基本的、日常的事务处理，如银行储蓄业务的存取交易、转账交易等。这类业务吞吐量大、并发度高，响应要求接近实时。典型的 OLTP 系统有零售系统、金融交易系统、秒杀系统等。OLAP 系统用于对数据进行查询和分析。查询和分析操作所涉及的数据通常具有历史周期长、数据量大的特点，并且需要在不同层级上进行汇总、聚合操作，这些因素使得 OLAP 系统的事务处理操作比较复杂。OLAP 系统主要面向复杂查询，回答一些"战略性"问题。在数据处理方面，OLAP 系统聚焦于数据的聚合、汇总、分组计算、窗口计算等"分析型"数据加工和操作，从多维度去使用和分析数据。典型的 OLAP 系统有报表系统、数据集市、数据仓库等。

对比 OLAP 系统与 OLTP 系统，OLTP 系统面向事务，而 OLAP 系统面向分析；OLTP 系统处理的是业务系统交易的详细数据，OLAP 系统在基于详细交易数据的基础上，进行汇总、聚合、关联等提炼处理；OLTP 系统用于处理瞬时发生的事务，OLAP 系统用于分析长期历史数据的变化趋势；OLTP 系统是事务驱动的，需求来自于业务要实现的事务性需求，以事务性需求来驱动应用的开发，而 OLAP 系统主要用于满足分析需求，包括生成报表、支持即席查询和进行管理分析等综合性分析需求，开发相应的应用程序时，通常要考虑这些方面的需求。

OLTP 系统与 OLAP 系统都是遵守 ACID 原则的关系数据库，两者在功能上是相似的，都支持 SQL，都可以处理大量数据，都是强一致事务处理。但对于应用场景来说，OLTP 系统更强调实时性要求，OLAP 系统更强调大数据量分析。一般情况下，由于在各自应用场景下追求的目标不同，如果替换使用，如 OLTP 数据库用于实现 OLAP 系统的分析应用、OLAP 系统用于实时性要求极高的核心交易系统，则目前大多数产品是不支持的。

数据库管理系统从诞生起就是用于管理数据的，数据库实际上就是数据集合，表现出来就是数据文件、数据块、物理操作系统文件或磁盘数据块的集合，如数据文件、索引文件和结构文件，但是并非所有数据库管理系统都是基于文件的，也有直接把数据写入数据存储的形式。

数据库实例（Database Instance）指的就是操作系统中的一系列进程及为这些进程所分配的内存块，它是访问数据库的通道。通常来说，一个数据库实例对应一个数据库，如图 5-7 所示。

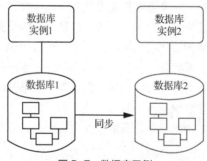

图 5-7　数据库示例

数据库是物理存储的数据，数据库实例就是访问数据的软件进程、线程和内存的集合。部分数据库是基于进程的（如 Oracle 数据库），此时数据库实例是一系列进程，也有一些数据库实例是一系列线程（如 MySQL 和 openGauss），以及线程所关联的内存的集合。

多实例就是指在一台物理服务器上搭建、运行的多个数据库实例。每个实例使用不同端口，通过不同 Socket 监听，每个实例拥有独立参数配置文件。利用多实例操作，可以更充分地利用硬件资源，使服务性能最大化。

分布式集群是一组相互独立的服务器通过高速网络组成的一个计算机系统。分布式数据库对外体现为统一的一个实例，一般不允许用户直接连接数据节点上的实例。分布式集群中的每台服务器中都可能有数据库的一份完整副本或者部分副本，所有服务器通过网络互连，共同组成一个完整的、全局的，逻辑上集中、物理上分布的大型数据库。多实例与分布式集群如图 5-8 所示。

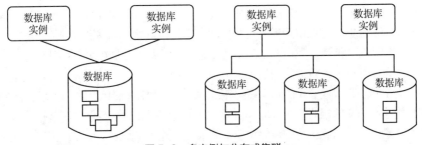

图 5-8　多实例与分布式集群

数据库连接（Connection）是物理层面的通信连接，指的是通过一个网络建立的客户端和专有服务器（Dedicated Server）或调度器（Scheduler）之间的一个网络连接。在建立连接的时候，需要指定连接的参数，如服务器主机名或者 IP 地址、端口号、连接的用户名和密码等。

数据库会话（Session）指的是客户端和数据库之间通信的逻辑连接。通信双方从通信开始到通信结束期间的上下文（Context）记录了本次连接的客户端机器、对应的应用程序进程号、对应的用户登录等信息，它位于服务器端的内存中。

会话和连接是同时建立的，两者是对同一件事情不同层次的描述。简单来说，连接是物理上的客户端与服务器的通信链路，而会话指的是逻辑上用户与服务器的通信交互。在数据库连接中，专有服务器就是数据库服务器上的实例。

schema 是数据库形式语言描述的一种结构，是对象的集合，允许多个用户使用同一个数据库，而不干扰其他用户。schema 把数据库对象组织成逻辑组，让它们更便于管理，形成名称空间，避免对象的名称冲突。schema 包含表及其他数据库对象，如数据类型、函数、操作符等。如图 5-9 所示，table_a 是名称相同的两个表，因为属于不同的 schema，所以可以名称相同，而实际上可能存储不同数据，具有不同结构。在访问同名表时，需要指定 schema 的名称来明确指向的目标表。

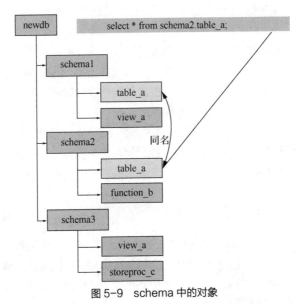

图 5-9　schema 中的对象

表空间是由一个或多个数据文件组成的，用户可以通过表空间定义数据库对象文件的存储位置，数据库中的所有对象在逻辑上都存放在表空间中，在物理上存储在表空间所属的数据文件中。表空间的作用是根据数据库对象使用模式安排数据物理存储位置，能够提高性能。例如，频繁使用的热点数据可以放置在性能稳定且运算速度快的磁盘上，而归档数据或者使用频率低、对访问性能要求低的数据，可以存放在运算速度慢的磁盘上。

可以通过表空间指定数据占用的物理磁盘空间，限制物理空间使用上限，避免磁盘空间被耗尽。因为表空间和物理数据文件相对应，所以表空间实际上就能把数据和存储关联起来。表空间用来指定数据库中表、索引等数据库对象的存储位置。管理员创建表空间后，可以在创建数据库对象时引用它。

在关系数据库中，数据库表是一系列二维数组的集合。通过表来描述实体，表中的每一行称为一个记录，由若干个字段组成。字段也叫作属性，表中的每一列可以称为一个字段，字段包括列名和数据类型这两个属性。

事务是用户定义的数据操作序列，这些操作作为一个完整的工作单元执行，数据库中的数据是共享的，允许多用户同时访问相同数据，当多个用户同时对同一段数据进行增加、删除、修改、查询（以下简称增删改查）的操作时，如果不采取任何措施，则会造成数据异常。

一个事务内的所有语句作为一个整体，要么全部执行，要么全部不执行。例如，A 账户给 B 账户转账 500 元，第一个操作——A 账户-500；第二个操作——B 账户+500。转账的两个操作必须通过事务来保证全部操作成功或者全部操作失败。

事务特征主要是指 ACID 特性，具体如下。

（1）原子性：事务是数据库的逻辑工作单位，事务中的操作要么都做，要么都不做。

（2）一致性：事务的执行结果必须是使数据库从一个一致性状态转换到另一个一致性状态。

（3）隔离性：数据库中一个事务的执行不能被其他事务干扰，即一个事务的内部操作及使用的数据对其他事务是隔离的，并发执行的各个事务不能相互干扰。例如，A 账户给 B 账户转账，这个事务发生的过程中，如果 C 账户和 A 账户也发生了转账事务，那么 C 给 A 转账的事务，应当和 A 给 B 转账的事务进行隔离，避免互相干扰。如果隔离不够严格，则会出现多种数据不一致的情况。

（4）持久性：事务一旦提交，对数据库中数据的改变是永久的，提交后的操作或者故障不会对事务的操作结果产生任何影响。例如，一个事务开始时读取 A 为 100，经过计算后，A 变成 200，然后进行了提交操作，再继续执行后续操作，此时数据库出现故障。当故障恢复后，从数据库获取 A 的值应该为 200，而不是最初的 100 或者其他值。

事务结束的标记有两个：正常结束，COMMIT（提交事务）；异常结束，ROLLBACK（回滚事务）。提交事务之后，事务的所有操作都会物理地保存在数据库中，成为永久操作。事务回滚之后，事务中的全部操作都会被撤销，数据库又会回到事务开始之前的状态。

5.1.3　结构查询语言

结构查询语言（SQL）是一种具有特定目的的编程语言，用于管理关系数据库管理系统或在关系流数据库中进行流处理。SQL 基于关系代数和元组关系演算，包括数据描述语言和数据操纵语言等语句。SQL 使用的范围包括数据插入、查询、更新和删除，数据库模式创建和修改，以及数据访问控制。SQL 语句包括数据描述语言语句、数据操纵语言语句、数据控制语言语句。

（1）数据描述语言（Data Description Language，DDL）语句，用于定义或描述数据库中的对象，其中数据库对象包括表、索引、视图、数据库、存储过程、触发器、自定义函数等，主要有以下操作。

① 定义数据库：包括创建数据库（Create Database）、修改数据库属性（Alter Database）、删除数据库（Drop Database）。

② 定义表空间：包括创建表空间（Create Tablespace）、修改表空间（Alter Tablespace）、删除表空间（Drop Tablespace）。

③ 定义表：包括创建表（Create Table）、修改表属性（Alter Table）、删除表（Drop Table）、删除表中所有数据（Truncate Table）。

④ 定义索引：包括创建索引（Create Index）、修改索引属性（Alter Index）、删除索引（Drop Index）。

⑤ 定义角色：包括创建角色（Create Role）、删除角色（Drop Role）。

⑥ 定义用户：包括创建用户（Create User）、修改用户属性（Alter User）、删除用户（Drop User）。

⑦ 定义视图：包括创建视图（Create View）、删除视图（Drop View）。

⑧ 定义事件：包括创建序列（Create Sequence）、修改序列（Alter Sequence）、删除序列（Drop Sequence）。

（2）数据操纵语言（Data Manipulation Language，DML）语句，用于对数据库表中的数据进行查询、插入、更新和删除等操作，主要有以下操作。

① 插入数据（Insert）。

② 更新数据（Update）。

③ 删除数据（Delete）。

④ 查询数据（Select）。

（3）数据控制语言（Data Control Language，DCL）语句，用来设置或更改数据库权限操作（如用户或角色授权、权限回收等），主要操作如下。

① 授予权限（Grant）。

② 回收权限（Revoke）。

5.2 openGauss 数据库

openGauss 是一种企业级开源关系数据库，提供面向多核的极致性能、全链路的业务和数据安全、基于 AI 的调优和高效运维的能力。openGauss 友好、开放，采用木兰宽松许可证 v2 发行，深度融合了华为在数据库领域多年的研发经验，结合企业级场景需求，持续构建竞争力特性。

5.2.1 openGauss 数据库概述

openGauss 数据库经历了内部自用孵化阶段、联创产品化阶段和共建生态阶段。在内部自用孵化阶段（2001—2011 年），自研数据库主要用作企业的内存数据库，以支撑业务；在联创产品化阶段（2011—2020 年），华为与伙伴进行产品联创，共同研发 GaussDB 数据库，并将数据库用作公司内部主营业务支撑，2019 年 5 月 15 日，华为向全球发布了 GaussDB 数据库产品；在共建生态阶段（2020 至今），华为于 2020 年 6 月 30 日对 GaussDB 的集中式版本进行开源，开源后将数据库命名为 openGauss。openGauss 数据库将引领开源生态建设、促进数据库教育事业的蓬勃发展。openGauss 的发展历程如表 5-1 所示。

表 5-1　openGauss 发展历程

年份	发展概述
2001—2011	用作企业级内存数据库
2011—2020	GaussDB（DWS）华为云商用，支撑了公司内部 40 多项主力业务，在全球拥有 70 多个运营商，规模商用 3 万多套，服务全球 20 多亿人
	2019 年 5 月 15 日，GaussDB 向全球发布；构筑 GaussDB 生态；兼容行业主流生态，完成与金融等行业的对接
2020 至今	openGauss 集中式版本开源，引领生态建设，促进数据库教育事业发展

　　openGauss 希望通过开源的魅力吸引更多贡献者，共同构建一个能够融合多元化技术架构的企业级开源数据库社区。openGauss 内核长期演进，回馈社区，华为内部配套和公有云的 GaussDB 服务均基于 openGauss。

　　openGauss 内核在架构、事务、存储引擎、优化器等方面持续构建竞争力特性，在 ARM 架构的芯片上深度优化，并兼容 x86 架构。openGauss 具备以下技术特点。

　　（1）基于多核架构的并发控制技术、NUMA-Aware 存储引擎、SQL-Bypass 智能选路执行技术，释放处理器多核扩展能力，实现两路鲲鹏 128 核场景 150 万 tpmC 性能。tpmC 值在国内外被广泛用于衡量计算机系统的事务处理能力，表示数据库每分钟能够处理的事务数量。

　　（2）支持恢复时间目标（Recovery Time Objective，RTO）低于 10s 的快速故障倒换、全链路数据保护，满足安全性及可靠性要求。

　　（3）通过智能参数调优、慢 SQL 诊断、多维性能自监控、在线 SQL 时间预测等能力，使运维化繁为简。

　　openGauss 采用木兰宽松许可证，允许所有社区参与者对代码进行自由修改、使用和引用。openGauss 社区成立了技术委员会，欢迎所有开发者贡献代码和文档。华为基于"硬件开放、软件开源、使能合作伙伴"的整体发展战略，支持合作伙伴基于 openGauss 打造自有品牌的数据库商业发行版，支持合作伙伴持续构建商业竞争力。openGauss 生态如图 5-10 所示。

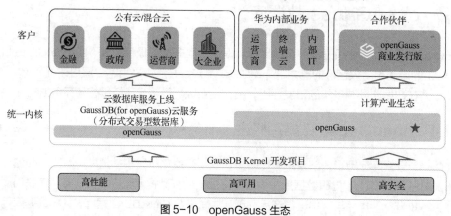

图 5-10　openGauss 生态

5.2.2　openGauss 的特性

　　openGauss 支持 SQL 2003 标准语法，支持主备部署的高性能、高可用关系数据库。openGauss

支持 SQL 2011 大部分的核心特性，还支持部分的可选特性，为使用者提供统一的 SQL 界面。标准 SQL 的引入为所有数据库厂商都提供了统一的 SQL 界面，减少了使用者的学习成本和应用程序的迁移代价。

openGauss 提供对 ODBC 3.5 的支持，ODBC 是微软基于 X/OPEN CLI 提出的用于访问数据库的应用程序编程接口。应用程序通过 ODBC 提供的 API 与数据库进行交互，增强了应用程序的可迁移性、可扩展性和可维护性。

openGauss 支持 JDBC 4.0 标准接口，JDBC 是一种用于执行 SQL 语句的 Java API，可以为多种关系数据库提供统一访问接口，应用程序可基于它操作数据。openGauss 提供对 JDBC 4.0 特性的支持，需要使用 JDK 1.8 编译程序代码，不支持 JDBC 桥接 ODBC 方式。

函数及存储过程是数据库中的重要对象，其主要功能是对用户使用的特定功能的 SQL 语句集进行封装，方便调用。openGauss 支持 SQL 标准中的函数及存储过程，其中存储过程兼容部分主流数据库存储过程的语法，这增强了存储过程的易用性；允许用户进行模块化程序设计，通过对 SQL 语句集进行封装来方便调用；存储过程会进行编译、缓存，可以提升用户执行 SQL 语句集的速度；系统管理员通过设置某一存储过程的执行权限，能够实现对相应数据访问权限的限制，避免非授权用户对数据的访问，保证数据安全。openGauss 在高性能、高可用性、高安全性、易维护性和 AI 能力方面做了相应提升，具体介绍如下。

1. 高性能

openGauss 根据鲲鹏处理器的多核 NUMA 架构的特点，针对性地进行了一系列与 NUMA 架构相关的优化，一方面尽量减少跨核内存访问的时延，另一方面充分发挥鲲鹏多核算力优势，所提供的关键技术包括重做日志批插、热点数据 NUMA 分布、CLog 分区等，大幅提升事务处理（Transaction Processing，TP）系统的处理性能。用户可以将线程绑定到对应核上，减少跨核访问时的核间延迟，同时能借助 ARM 原子指令，减少计算开销。

openGauss 使用了基于代价的优化器（Cost-Based Optimization，CBO）。除 CBO 外，基于规则的优化器（Rule-Based Optimization，RBO）是另一种优化器。RBO 根据数据库制定好的规则，选择对应的执行计划，执行 SQL 语句，如制订涉及索引的 SQL 时，执行计划就一定要使用索引。这种优化器的优点就是较容易实现，但是往往比较"死板"，不会根据实际情况去变化执行计划。CBO 相对较为灵活，CBO 根据表的统计信息，评估出代价最低的执行计划，交给执行器执行 SQL。统计信息由数据库定期进行收集，将涉及代价的信息收集到系统表中，如果数据库具有准确的统计信息，则使用 CBO 就能做出最优的执行计划。

openGauss 同时支持行存与列存。行存表将数据按照行的形式进行连续存储，每行都具有所有属性，如学员信息表的一行中会包含该学员的姓名、性别、年龄、学号、入学时间等信息，通过这个记录就能刻画出该学员的画像。列存表将数据以列的方式进行连续存储，每列的多个记录存储到一起，如学员信息表的某段连续区域中存储了所有学员的姓名，下一段连续区域中存储了所有学员的性别。对比行存表与列存表，行存表适用于精确查询或插入/更新较多的场景，列存表适用于大量聚合查询的场景，如统计班级学生的年龄均值时，只用访问存储年龄的连续区域，可减少磁盘访问数据量。

2. 高可用性

高可用性是指系统无中断地执行功能的能力，代表系统的可用性程度，是进行系统设计时的准则之一。高可用性系统与构成该系统的各个组件相比，可以更长时间的运行。作为支撑系统的基础软件，openGauss 使用主备架构保障数据库的高可用性，如图 5-11 所示。为了保证故障可恢复，需要将数据写多份，设置主备多个副本，通过日志进行数据同步。这样，在节点出现故障、停止后重启等情况下，openGauss 能够保证出现故障之前的数据无丢失，满足 ACID 特性。主备之间可以通过 switchover 命令进行角色切换，主机出现故障后可以通过 failover 命令将备机升为主机。

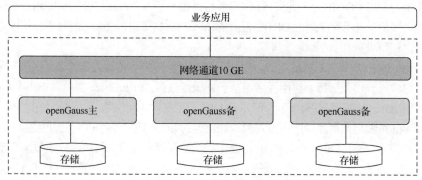

图 5-11　openGauss 的主备架构

3. 高安全性

openGauss 通过基于角色的访问控制（Role-Based Access Control，RBAC）管理用户对数据库的访问控制权限。RBAC 通过为角色赋予权限，使用户成为适当的角色而得到这些角色的权限。使用 RBAC 可以极大地简化对权限的管理，如图 5-12 所示。openGauss 通过为相关数据库用户分配完成任务所需要的最小权限，使数据库使用风险降到最低。

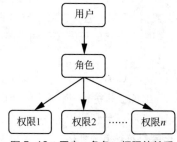

图 5-12　用户、角色、权限的关系

openGauss 支持行级访问控制。行级访问控制特性是指将数据库访问控制精确到数据表行级别，使数据库达到行级访问控制的能力。不同用户执行相同的 SQL 查询操作，读取到的结果是不同的，受影响的 SQL 语句包括 SELECT、UPDATE、DELETE 等。

审计日志记录用户对数据库的启停、连接、DDL、DML、DCL 等操作。审计日志机制主要用于增强数据库管理系统对非法操作的追溯及举证能力。openGauss 将用户对数据库的所有操作写入审计日志。数据库安全管理员可以利用这些日志信息，重现导致数据库现状的一系列事件，找出非法操作的用户、时间和内容等。

4. 易维护性

openGauss 提供负载诊断报告（Workload Diagnosis Report，WDR）。WDR 是针对长期性能问题最主要的诊断手段。基于两次不同时间点系统的性能快照数据，生成这两个时间点之间的性能表现报表，从多维度进行性能分析，能帮助管理员掌握系统负载繁忙程度、各个组件的性能表现及性能瓶颈。WDR 可以生成 SUMMARY（从总体上对系统进行评估）和 DETAIL（从细节上对系统进行评估）两个不同级别的性能数据。

openGauss 提供慢 SQL 诊断。慢 SQL 诊断提供诊断慢 SQL 所需的必要信息，帮助开发者回溯执行时间超过阈值的 SQL，诊断 SQL 性能瓶颈。该诊断主要用于系统中 SQL 执行时间较长问题的定位。

openGauss 支持会话性能诊断。会话性能诊断提供给用户会话级别的性能问题诊断。会话性能诊断提供对当前系统所有活跃会话进行诊断的能力。由于实时采集所有活跃会话的指标对用户负载的影响较大，因此采取会话快照技术对活跃会话的指标进行采样。从采样中统计出活跃会话的统计指标，这些统计指标从客户端信息、执行开始时间、执行结束时间、SQL 文本、等待事件、当前数据库对象等维度，反映活跃会话的基本信息、状态、持有的资源。基于概率统计的活跃会话信息可以帮助用户诊断系统中哪些会话消耗了更多的 CPU、内存资源，哪些数据库对象是热对象，哪些 SQL 消耗了更多的关键事件资源等，从而定位出有问题的会话、SQL 和数据库设计。

5. AI 能力

AI 技术最早可以追溯到 20 世纪 50 年代，比数据库管理系统的发展历史更悠久。但是，由于各种客观因素，在很长一段时间内，AI 技术并没有得到大规模应用，甚至经历了几次明显的低谷期。近些年来，随着 IT 的进一步发展，从前限制 AI 发展的因素已经逐渐减弱，所谓的 ABC（即 AI、Big Data、Cloud Computing，AI、大数据、云计算）技术也随之诞生。

AI 与数据库结合是近些年的研究热点，openGauss 较早参与了该方向的探索，并取得了阶段性成果。openGauss 的 AI 特性子模块名为 DBMind，相对数据库其他功能较为独立，大致可分为 DB4AI、AI4DB 及 AI in DB 这 3 个部分，如图 5-13 所示。

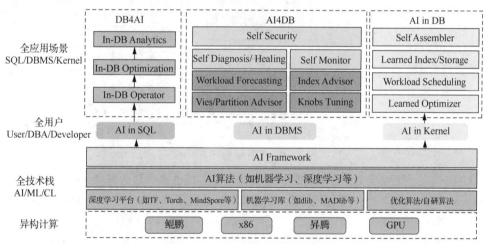

图 5-13　openGauss 的 AI 特性

DB4AI 是指打通数据库到 AI 应用的端到端流程，通过数据库来驱动 AI 任务，统一 AI 技术栈，达到开箱即用、高性能、节约成本等目的。例如，通过 SQL-like 语句实现推荐系统、图像检索、时序预测等功能，充分发挥数据库的高并行、列存储等优势，既可以减少数据和碎片化存储的代价，又可以避免因信息泄露造成的安全风险。

AI4DB 是指用 AI 技术优化数据库的性能，从而获得更好的执行表现；也可以通过 AI 的手段实现自治、免运维等，主要包括自调优、自诊断、自安全、自运维、自愈等子领域。

AI in DB 是指通过对数据库内核进行修改，实现原有数据库架构模式下无法实现的功能，如利用 AI 算法改进数据库的优化器，实现更精确的代价估计等。

5.3 openGauss 的安装

openGauss 数据库支持多种安装方式，其中包括极简版安装、企业版安装、容器安装和源码编译安装。不同的安装方式适用于不同的使用场景，如极简版安装主要针对个人学习、测试系统场景，特点在于安装简单；企业版安装适用于企业或对数据库性能要求较高的系统，相对于极简版安装，其流程比较复杂，但功能更全；容器安装更适用于快速部署的场景，方便分发数据库实例；源码编译安装适用于没有提供对应安装包的环境或者进行了二次开发后的数据库部署场景。无论采用哪种安装方式，其流程基本上都分为安装前、安装中和安装后，如图 5-14 所示。

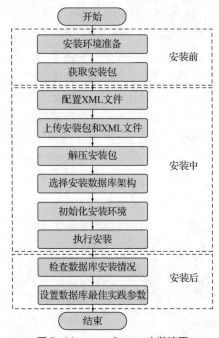

图 5-14　openGauss 安装流程

（1）安装前，需要完成软硬件安装环境准备，主要指选择适合数据库运行的服务器、安装 openGauss 支持的操作系统、设置操作系统的参数等，还需要获取安装包（可以从官方网站获取或者从代码仓库 Gitee 上获取）。

（2）安装中，设置安装参数或者配置可扩展标记语言（Extensible Markup Language，XML）文件；上传对应的安装包和 XML 文件；解压安装包；选择安装数据库架构（单节点或主备）；初始化安装环境和执行安装等。

（3）安装后，检查数据库安装是否成功、数据库启动是否正常；设置数据库最佳实践参数等。

openGauss 安装完成后，可以使用 gsql 或者其他客户端连接数据库。openGauss 支持标准 SQL 语法，可以使用 SQL 操纵访问数据库。gsql 是 openGauss 提供的在命令行下运行的数据库连接工具，可以通过此工具连接服务器并对其进行操作和维护。除具备操作数据库的基本功能外，gsql 还提供若干高级特性供用户使用。其中，gsql 支持执行元命令，元命令可以帮助管理员查看数据库对象的信息、查询缓存区信息、格式化 SQL 输出结果，以及连接到新的数据库等。

第6章

鲲鹏openLooKeng数据虚拟化引擎

06

学习目标

- 理解 openLooKeng 的架构、关键技术及典型应用场景
- 掌握基于 openLooKeng 的异构数据源对接基本配置
- 掌握基于 openLooKeng 的基础实践

　　随着业务的快速发展变化，在跨异构数据源场景下，数据查询与分析的便捷性与时效性问题日益凸显。openLooKeng 是一款开源的分布式数据虚拟化引擎，能很好地支持关系数据库与非关系数据库且无须迁移数据，可直接在数据存储位置进行查询。

　　本章将从 openLooKeng 的功能、特性以及应用场景等方面予以介绍，并结合 openLooKeng 的基础实践进行讲解，便于读者后续学习与上手实践。

6.1 openLooKeng 数据虚拟化引擎

　　当前，各行各业都在涌入数字化转型的浪潮，越来越多的业务被 IT 所改造或支撑，海量数据源源不断地产生。在大数据技术出现之前，应对海量数据的方式是使用各种数据库，如关系数据库、NoSQL 数据库、内存数据库等。在不同业务场景下，这种差异化选择为解决特定领域问题提供了便利，但同时在宏观层面对数据的统一管理与使用制造了困难。不同数据库管理系统的 SQL 语法与标准各成体系，尤其在跨异构数据源查询时，需要使用不同客户端对接，同时在业务层加入复杂逻辑屏蔽差异，使上层业务架构复杂度增高，系统整体集成变得困难。在海量数据场景下，数据处理与分析过程面临着更大的挑战。

　　数据仓库技术的兴起正是为了应对异构数据源所带来的问题，也是当下业界广泛应用的解决方案。该技术通过抽取（Extract）、转换（Transform）、加载（Load）等流程，对不同异构数据源中的数据进行处理后，存入对应数据仓库模型。然而，数据迁移的成本是昂贵的，不仅数据仓库维护要消耗大量软硬件成本，其 ETL 业务逻辑的开发与维护同样要消耗不菲的人力成本。同时，ETL 是一个烦琐、耗时的过程，这使得业务数据的分析处理往往只能以 $T+1$ 天的方式进行。

　　随着数据体量的进一步增大，ETL 过程带来的问题日益凸显，甚至在某些场景下，需要技术人员出差到数据所在地才能有效进行 ETL 过程。同时，随着业务应用类型的不断增长，数据仓库应对的模型也在不断增加，最终数据在不同模型之间形成割裂之势，逐渐形成孤岛。问题又回到了原点，

数据迁移的方式似乎穷途末路。在此背景之下，数据虚拟化引擎 openLooKeng 诞生了，它以数据连接的方式来应对这个问题。

6.1.1 openLooKeng 概述

如图 6-1 所示，openLooKeng 是一个统一、高效的数据虚拟化融合分析引擎，北向提供标准、统一的接口给业务层使用，南向屏蔽各类异构数据源差异。

图 6-1 openLooKeng 图示

在北向接口方面，openLooKeng 提供 ODBC、JDBC 及 REST 接口，以 ANSI 2003 SQL 为载体提供统一数据访问接口，BI 工具、AI 工具可以有效通过所提供的接口与 openLooKeng 集成，简化系统设计。

在南向接口方面，openLooKeng 使用统一数据源连接框架 Data Source Connector 提供多种数据源的访问能力，无论是大数据生态的 Hive 或者 Hbase，还是 OLTP 数据库的 PostgreSQL 及 MySQL，都可以方便接入。此外，openLooKeng 通过跨数据中心 Data Center Connector 提供高性能跨域协同计算。

openLooKeng 基础的交互式查询能力是基于 Presto 开源版本构筑的。但 openLooKeng 在技术场景、引擎内核技术、南北向应用生态等方面与 Presto 有较大差异。如图 6-2 所示，openLooKeng 是一个类大规模并行处理（Massively Parallel Processing，MPP）架构的分布式处理系统，包含协调器（Coordinator）以及 Worker 两种角色，通过实现 AA（Active-Active）高可用性，使得整体系统无单点故障问题。openLooKeng 内部采用向量化列式处理引擎，针对大数据场景，列式处理性能更高且可以充分利用 CPU 并行潜力。通过基于内存的流水线处理，openLooKeng 可以实现高性能并行处理。

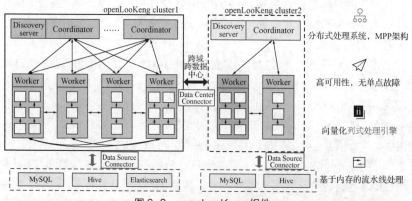

图 6-2 openLooKeng 组件

在介绍 openLooKeng 适用的业务场景之前，先了解一些它的关键特性，便于后续更深入地理解为何 openLooKeng 能适用于这类业务场景，也利于读者基于 openLooKeng 在自身业务场景内能有更多的联想与探索。

1. 内存计算框架

在一些业务场景下，业务查询的时效性是非常重要的一个指标，尤其在面对一些即席查询需求时，时效性要求尤为突出。因此，openLooKeng 在初始设计时就考虑了 TB 级甚至 PB 级数据查询与分析业务且其内核采用基于内存计算的框架，能够以流水线的方式在内存中并行完成业务数据处理，将查询响应时延降到秒到分钟级别。该框架采用存储与计算分离模式，对大数据领域分析的开源框架 Hadoop 具有天然的亲和力，在出现性能瓶颈时，可对计算或存储节点进行针对性扩展，从而平滑地保障业务顺利进行。

2. ANSI SQL 2003 语法支持

openLooKeng 支持 ANSI SQL 2003 语法。用户在使用 openLooKeng 语法进行查询时，无论底层数据源是关系数据库管理系统还是 NoSQL 或者其他数据库，都可以借助 openLooKeng 的 Connector 框架使得数据可以依然存放在原始数据源中，从而实现数据"0 迁移"的查询。

通过 openLooKeng 的统一 SQL 入口，可实现对底层各种数据源 SQL 方言的透明化处理，用户无须关心底层数据源的 SQL 方言便可获取到该数据源中的数据，方便用户消费数据。

3. Data Source Connector 种类丰富

为应对多种多样的数据库，openLooKeng 针对这些数据库开发了 Data Source Connector，已经开发的数据库有 RDBMS（如 Oracle Connector、HANA Connector 等）、NoSQL（如 Hive Connector、HBase Connector 等）、全文检索数据库（如 Elasticsearch Connector 等）。openLooKeng 可以通过这些 Connector 方便地获取数据源数据，从而进一步进行基于内存的高性能联合计算。

4. Data Center Connector 支持跨域跨数据中心

openLooKeng 不仅提供跨多种数据源联合查询的能力，还将跨源查询的能力进一步延伸，开发了跨域跨数据中心查询的 Data Center Connector。通过这个新的 Connector，openLooKeng 可以连接到远端另外的 openLooKeng 集群，从而提供在不同数据中心之间协同计算的能力。其中的关键技术如下。

① 并行数据访问：Worker 可以并发访问数据源以提高访问效率，客户端也可以并发从服务器端获取数据以加快数据获取速度。

② 数据压缩：在传输期间，数据进行序列化之前，先使用 GZIP 压缩算法对数据进行压缩，以减少通过网络传输的数据量。

③ 跨数据中心动态过滤：过滤数据以减少从远端获取的数据量，从而确保网络稳定性并提高查询效率。

5. 高性能的查询优化技术

openLooKeng 在内存计算框架的基础上，利用许多查询优化技术来满足高性能的交互式查询需求。

openLooKeng 提供基于 Bitmap Index、Bloom Filter 及 Min-max Index 等的索引。openLooKeng 通过在现有数据上创建索引，把索引结果存储在数据源外部，在查询计划编排时利用索引信息过滤不匹配的文件，减少需要读取的数据量，从而加速查询过程。

openLooKeng 提供了丰富多样的 Cache，包括元数据 Cache、执行计划 Cache、ORC 行数据 Cache 等。通过这些 Cache，可以加速用户多次对同一 SQL 或者同一类型 SQL 的查询时延响应。

openLooKeng 提供动态过滤的优化方法，即在运行时（Run Time）将连接（join）一侧表的过滤信息的结果应用到另一侧表的过滤器。openLooKeng 不仅提供多种数据源的动态过滤优化特性，还将这一优化特性应用到 Data Center Connector，从而提高不同场景关联查询的性能。

openLooKeng 通过 Connector 框架连接到 RDBMS 等数据源时，由于 RDBMS 具有较强的计算能力，可将算子下推到数据源进行计算，因此可以获取更好的性能。openLooKeng 目前支持多种数据源的算子下推，实现了更快的查询时延响应。

6. 高可用特性

openLooKeng 引入了高可用的双活特性，支持 Coordinator 双活机制，能够保持多个 Coordinator 之间的负载均衡，同时保证 openLooKeng 在高并发下的可用性。

openLooKeng 的弹性伸缩特性支持将正在执行任务的服务节点平稳退出，同时能将处于不活跃状态的节点拉起并接收新任务。openLooKeng 通过提供"已隔离"与"隔离中"等状态接口供外部资源管理者（如 Yarn、Kubernetes 等）调用，实现对 Coordinator 和 Worker 节点的弹性扩缩容。

6.1.2　openLooKeng 关键技术

通过前面的学习，读者已经对 openLooKeng 的能力有了初步了解，在通过实践来加深理解之前，有必要熟悉一些 openLooKeng 使用过程中涉及的基本概念。只有对这些基本概念有准确的认识与理解，才能正确完成服务的部署与配置，同时为 openLooKeng 基础实践完成知识铺垫。

1. 服务器类型

openLooKeng 服务器有两种类型：openLooKeng 协调节点和 openLooKeng 工作节点。它们各自承担不同的职责，相互配合。

（1）openLooKeng 协调节点

openLooKeng 协调节点是负责解析语句、规划查询和管理 openLooKeng 工作节点的服务器。它是 openLooKeng 安装的"大脑"，也是客户端连接以提交语句执行的节点。每个 openLooKeng 在安装时必须有一个 openLooKeng 协调节点，以及一个或多个 openLooKeng 工作节点。若用于开发或测试，则可以配置 openLooKeng 的单个实例来扮演这两个角色。

openLooKeng 协调节点跟踪每个 openLooKeng 工作节点上的活动，并协调查询的执行。openLooKeng 协调节点会创建一个查询的逻辑模型，其中包含一系列阶段，然后将逻辑模型转换为在 openLooKeng 工作节点集群上运行的一系列相互连接的任务。openLooKeng 协调节点使用 REST API 与 openLooKeng 工作节点和客户端进行通信。

（2）openLooKeng 工作节点

openLooKeng 工作节点是 openLooKeng 在安装时的服务器，负责执行任务和处理数据。openLooKeng 工作节点从连接器获取数据，并交换中间数据。openLooKeng 协调节点负责从 openLooKeng 工作节点获取结果，并将最终结果返回给客户端。

当 openLooKeng 工作节点进程启动时，它会将自己通告给 openLooKeng 协调节点中的发现服务器，这样，openLooKeng 协调节点就可以使用它来执行任务。openLooKeng 工作节点使用 REST API 与其他 openLooKeng 工作节点和 openLooKeng 协调节点进行通信。

2. 数据源模型

openLooKeng 在对接数据源时，会有一个数据源模型与之对应。数据源模型包括连接器、目录、模式和表等。

（1）连接器

连接器将 openLooKeng 连接到诸如 Hive 或关系数据库的数据源，可以将其理解为类似数据库的驱动。它是 openLooKeng 的服务提供接口（Service Provider Interface，SPI）的一个实现，它允许 openLooKeng 使用标准 API 与资源进行交互。

openLooKeng 包含若干内置连接器，如 Java 管理扩展（Java Management Extensions，JMX）连接器、提供对内置系统表访问的系统连接器、Hive 连接器，以及为 TPC-H 基准数据服务的 TPC-H 连接器等。许多第三方开发者对连接器做出了贡献，使得 openLooKeng 可以访问各种数据源中的数据。

每个目录都与一个特定的连接器相关联。如果检查目录配置文件，则将看到每个文件都包含一个强制属性 connector.name，目录管理器使用该属性为给定的目录创建连接器。多个目录可以使用同一个连接器来访问类似数据库的两个不同实例。例如，如果有两个 Hive 集群，则可以在一个 openLooKeng 集群中配置两个都使用 Hive 连接器的目录，这样可以从两个 Hive 集群（甚至在同一个 SQL 查询）中查询数据。

（2）目录

openLooKeng 目录包含模式并通过连接器引用数据源。例如，可以配置一个 JMX 目录，以便通过 JMX 连接器访问 JMX 信息。在 openLooKeng 中运行 SQL 语句时，将针对一个或多个目录运行该语句。目录的其他示例包括连接 Hive 数据源的 Hive 目录等。

在 openLooKeng 中查询表时，完全限定的表名称总是以目录作为根的。例如，一个完全限定的表名 hive.test_data.test 将引用 hive 目录中 test_data 模式中的 test 表。

目录定义在 openLooKeng 配置目录的属性文件中。

（3）模式

模式是组织表的一种形式。目录和模式一起定义了一组可以查询的表。当使用 openLooKeng 访问 Hive 或 MySQL 等数据库时，模式会在目标数据库中被转换为相同的概念。其他类型的连接器可以选择以对基础数据源有意义的方式将表组织到模式中。

（4）表

表是一组无序行，这些行被组织成具有类型的命名列。这与任意关系数据库中的情况相同。源数据到表的映射由连接器定义。

6.1.3 openLooKeng 典型应用场景

openLooKeng 通过各种 Data Source Connector 连接到各个数据源系统，用户在发起查询时，通过各个 Data Source Connector 实时获取数据并进行高性能计算，从而在秒级或分钟级的时间内得到分析结果。这与以往的数据仓库通过 $T+1$ 天的 ETL 数据迁移才能处理好数据再给用户使用的方式有很大差异。

由于各种数据库在 SQL 标准上的差异均可由 openLooKeng 作为中间层进行屏蔽，用户只需要熟练掌握 ANSI SQL 2003 语法，不用再学习各种 SQL 方言，以往繁杂的 SQL 方言转换工作都由 openLooKeng 完成。

从各种 SQL 方言中"解放"出来后，用户可以专注于构建高价值的业务应用查询分析逻辑，这些分析逻辑形成的无形资产才是企业商业智能的核心。openLooKeng 正是出于帮助用户快速构建高价值的业务分析逻辑这一目的来构建自己的整个技术架构的。由于无须迁移数据，用户的分析查询灵感可以快速使用 openLooKeng 进行验证，从而达到比以往 $T+1$ 天的数据仓库分析处理过程更快的分析效果。

openLooKeng 的统一 SQL 入口、丰富的南向数据源生态，在一定程度上解决了以往跨源查询架构复杂、编程入口太多、系统集成度差的问题，实现了数据从"迁移"到"连接"的模式转换，方便用户快速实现海量数据的价值变现。

接下来对 openLooKeng 的典型应用场景进行简单梳理。

1. 高性能交互式查询场景

openLooKeng 采用基于内存的计算框架，可以充分利用内存并行处理、索引优化、缓存机制，以及分布式流水线作业等技术手段，以实现查询与分析的高速处理，从而处理 TB 级甚至 PB 级的海量数据。以往使用 Hive、Spark 甚至 Impala 来构建查询任务的交互式分析应用系统都可以使用 openLooKeng 来进行换代升级，从而获取更高的查询性能。

2. 跨源异构查询场景

正如前文所述，RDBMS、NoSQL 等数据库在各种应用系统中被广泛使用，为了处理数据而建立起来的 Hive 或者 MPPDB 等专题数据仓库也越来越多。而这些数据库或者数据仓库往往彼此孤立，形成数据孤岛。用户查询各种数据源需要使用不同的连接方式或者客户端，以及运行不同的 SQL 方言，这些不同造成了额外的学习成本及复杂的应用开发逻辑。

使用 openLooKeng 可实现 RDBMS、NoSQL 等数据库及 Hive 或 MPPDB 等数据仓库的联合查询，借助 openLooKeng 的跨源异构查询能力，用户可实现海量数据的分钟级甚至秒级查询、分析。

3. 跨域跨数据中心查询场景

对于省-市、总部-分部这样两级或者多级数据中心的场景，用户需要从省级（总部）数据中心查询市级（分部）数据中心的数据，这种跨域查询的主要瓶颈在于多个数据中心之间的网络问题（如带宽不足、时延大、丢包等）导致的查询时延长、性能不稳定等。

openLooKeng 专门为这种跨域查询设计了跨域跨数据中心的解决方案 Data Center Connector，通过 openLooKeng 集群之间传输计算结果的方式，避免了大量原始数据的网络传输，解决了带宽不足、丢包等网络问题，在一定程度上解决了跨域跨数据中心查询的难题，在跨域跨数据中心的查询场景中有较高的实用价值。

4. 计算存储分离场景

openLooKeng 自身是不带存储引擎的，其数据源主要来自各种异构的数据库，因此 openLooKeng 是一个典型的计算存储分离的系统，可以方便地进行计算、存储资源的独立水平扩展。openLooKeng 计算存储分离的技术架构可实现集群节点的动态扩展，实现在不中断业务的情况下进行资源弹性伸缩，适用于需要计算存储分离的业务场景。

5. 快速进行数据探索场景

如前文所述，用户为了查询多种数据源中的数据，通常的做法是通过 ETL 建立专门的数据仓库，但这样会带来昂贵的人力成本、ETL 时间成本等问题。对于需要快速进行数据探索而不想构建专门的数据仓库的用户，将数据复制并加载到数据仓库中的做法既费时又费力，可能得不到用户想要的分析结果。

openLooKeng 通过标准语法定义了一个虚拟的数据集市，结合跨源异构查询能力连接到各个数据源，从而在这个虚拟的数据集市的语义层定义用户需要探索的各种分析任务。使用 openLooKeng 的这种数据虚拟化能力，用户可快速建立起基于各种数据源的探索分析服务，而无须构建复杂的、专门的数据仓库，从而节约人力与时间成本。对于想快速进行数据探索从而开发新业务的场景，使用 openLooKeng 是最佳选择之一。

6.2 openLooKeng 基础实践

6.2.1 环境安装实践

以 openLooKeng 自动化部署脚本为例，介绍单节点环境的安装过程。

其前提条件是有一个就绪的 Linux 环境（双核 CPU，内存容量为 8GB）。

执行以下命令可以一键下载所需软件包和部署 openLooKeng 服务器。

```
wget -O - https://download.openlookeng.io/install.sh|bash
```

正常情况下，只需等待安装完成，服务即会自动启动。

安装结束后，可通过以下命令停止服务。

```
/opt/openlookeng/bin/stop.sh
```

若想再次启动服务，则可执行以下命令。

```
/opt/openlookeng/bin/start.sh
```

通过执行以下命令可以启动 openLooKeng 命令行终端。

```
/opt/openlookeng/bin/openlk-cli
```

进入命令行终端交互界面后，可通过命令查看信息并验证服务状态。可以执行图 6-3、图 6-4 所示的命令，并通过回显结果信息查看当前系统中已有的目录，以及当前系统运行时所包含的节点信息与状态。

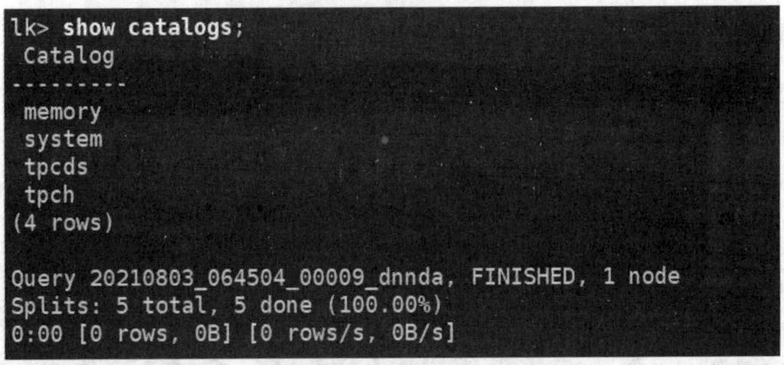

```
lk> show catalogs;
 Catalog
---------
 memory
 system
 tpcds
 tpch
(4 rows)

Query 20210803_064504_00009_dnnda, FINISHED, 1 node
Splits: 5 total, 5 done (100.00%)
0:00 [0 rows, 0B] [0 rows/s, 0B/s]
```

图 6-3 查看当前系统中已有的目录

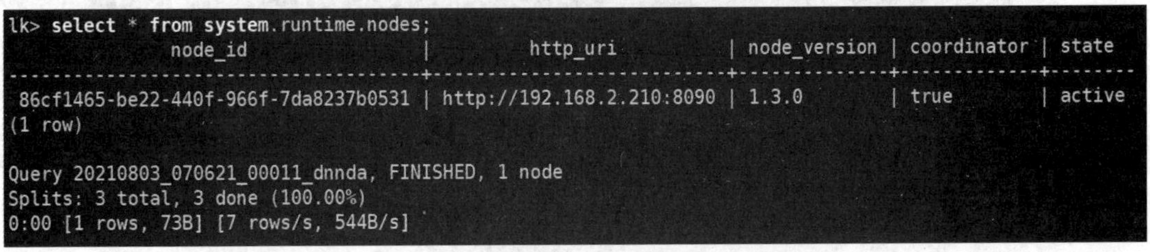

```
lk> select * from system.runtime.nodes;
               node_id                |          http_uri          | node_version | coordinator | state
--------------------------------------+----------------------------+--------------+-------------+--------
 86cf1465-be22-440f-966f-7da8237b0531 | http://192.168.2.210:8090 | 1.3.0        | true        | active
(1 row)

Query 20210803_070621_00011_dnnda, FINISHED, 1 node
Splits: 3 total, 3 done (100.00%)
0:00 [1 rows, 73B] [7 rows/s, 544B/s]
```

图 6-4 查看当前系统运行时所包含的节点信息与状态

openLooKeng 服务运行过程中所产生的日志会默认记录在以下目录文件中，通过对此日志的查看，能了解服务运行状态，同时有助于问题的排查与定位。

```
/home/openlkadmin/logs/server.log
```

6.2.2 数据源对接实践

在实际应用中，openLooKeng 需要应对各类异构数据源场景，新的数据源需要通过适当的配置才能与 openLooKeng 对接。下面以 postgres 为例演示配置对接的过程与步骤。

1. 环境前置条件准备

由于是单节点环境，实践中会涉及 postgres 多个实例，因此选择以 Docker 方式在环境中部署 postgres 服务，同时环境中的 openLooKeng 已启动且服务正常。

2. postgres 实例部署

通过执行以下命令，使用 Docker 快速部署 postgres 服务。

```
docker run --name postgres1 -e POSTGRES_PASSWORD=123456 -d postgres
```

3. 新建配置

postgres 服务启动后，需要在 openLooKeng 对应配置目录中新建配置，才能使服务感知到 postgres1 实例的存在。因此，需在/opt/openlookeng/hetu-server/etc/catalog 目录下创建一个配置文件，将其命名为"postgres1.properties"，并打开该文件进行编辑，编辑内容可参考如下。

```
connector.name=postgres1

connection-url=jdbc:postgres1://172.17.0.2:5432/postgres

connection-user=postgres

connection-password=123456
```

注意：本例中 connection-url 中的 IP 地址为容器 postgres1 实例对应的 IP 地址。

4. 重启与验证

完成新建配置后，openLooKeng 服务需要重启以加载新的配置，可执行以下命令使服务重启。

```
/opt/openlookeng/bin/restart.sh
```

服务重启后，再次进入 openLooKeng 命令行终端，在终端中执行以下 SQL 语句查询当前系统目录，结果如图 6-5 所示。

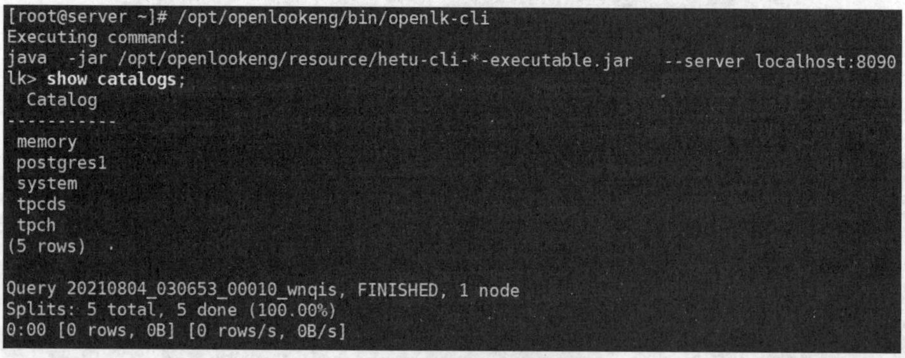

图 6-5　当前系统目录查询结果

从图 6-5 中可以看到，目录查询结果已经出现上一步所配置的 postgres1，说明数据源添加和对接成功。

5. 通过 openLooKeng 对 postgres 进行操作

在 openLooKeng 的命令行终端中，可以执行 SQL 语句对 postgres1 实例进行相应操作。以表的创建和数据插入为例，具体操作及结果如图 6-6 所示。

```
lk> create table postgres1.public.demo(id int, name varchar(50));
CREATE TABLE
lk> insert into postgres1.public.demo values(1, 'pg_01'),(2, 'pg_02'),(3, 'pg_03'),(4, 'pg_04'),(5, 'pg_05');
INSERT: 5 rows

Query 20210804_013316_00002_wnqis, FINISHED, 1 node
Splits: 7 total, 7 done (100.00%)
0:00 [0 rows, 0B] [0 rows/s, 0B/s]

lk> select * from postgres1.public.demo;
 id | name
----+-------
  1 | pg_01
  2 | pg_02
  3 | pg_03
  4 | pg_04
  5 | pg_05
(5 rows)

Query 20210804_013331_00003_wnqis, FINISHED, 1 node
Splits: 3 total, 3 done (100.00%)
0:00 [5 rows, 0B] [58 rows/s, 0B/s]
```

图 6-6　通过终端对 postgres1 实例进行操作及其结果

6.2.3　跨数据源查询实践

通过上述实践步骤，系统已经有了 postgres1 数据源及相关数据，为了能够实现跨数据源查询场景，以系统内置 memory 目录为基础向其中添加数据，并演示跨 memory 和 postgres1 的 SQL 查询能力。

1. memory 目录数据准备

通过执行以下 SQL 语句，在 memory 目录内的 default 模式中创建 demo 表，并将数据添加到 demo 表中。

```
create table memory.default.demo(id int, name varchar(50), fk int);
insert into memory.default.demo values(6, 'mem_aa', 1),(7, 'mem_ab', 3),(8, 'mem_ac', 5),(9, 'mem_ad', 7);
```

执行结果如图 6-7 所示。

```
lk> create table memory.default.demo(id int, name varchar(50), fk int);
CREATE TABLE
lk> insert into memory.default.demo values(6, 'mem_aa', 1),(7, 'mem_ab', 3),(8, 'mem_ac', 5),(9, 'mem_ad', 7);
INSERT: 4 rows

Query 20210804_015637_00005_wnqis, FINISHED, 1 node
Splits: 7 total, 7 done (100.00%)
0:00 [0 rows, 0B] [0 rows/s, 0B/s]

lk> select * from memory.default.demo;
 id | name   | fk
----+--------+----
  6 | mem_aa |  1
  7 | mem_ab |  3
  8 | mem_ac |  5
  9 | mem_ad |  7
(4 rows)

Query 20210804_015650_00006_wnqis, FINISHED, 1 node
Splits: 4 total, 4 done (100.00%)
0:00 [4 rows, 84B] [55 rows/s, 1.14KB/s]
```

图 6-7　memory 目录数据准备结果

2. 跨数据源查询

跨数据源查询可通过执行以下 SQL 语句实现。需要注意的是，不同数据源待合并的数据字段需要一致，因此 SQL 语句中指定了对应字段。

```
select id, name from memory.default.demo
union all select * from postgres1.public.demo order by id;
```

81

跨数据源查询结果如图 6-8 所示。

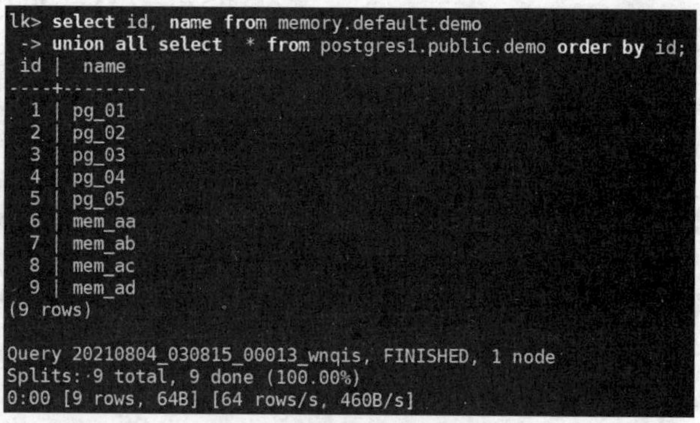

图 6-8　跨数据源查询结果

以下 SQL 语句的执行结果可展示跨数据源数据连接查询能力。需要注意的是，由于不同数据源中有相同字段，因此 SQL 语句中对字段指定了相应别名。

```
select memory.default.demo.id mem_id, memory.default.demo.name mem_name,
     postgres1.public.demo.id pg_id, postgres1.public.demo.name pg_name
from memory.default.demo, postgres1.public.demo
where memory.default.demo.fk=postgres1.public.demo.id;
```

跨数据源数据连接查询结果如图 6-9 所示。

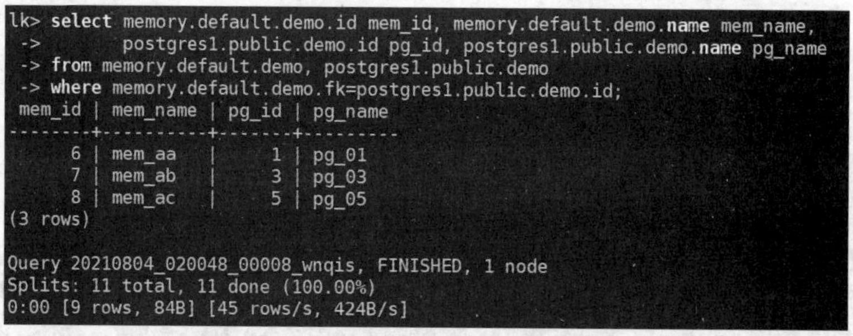

图 6-9　跨数据源数据连接查询结果

由此可见，使用 openLooKeng 可以避免数据迁移。通过对已有数据源进行连接，向上提供统一的查询入口与方式，同时屏蔽底层异构数据源差异，可简化上层应用复杂度、提高数据查询效率。

第7章

鲲鹏云计算技术

学习目标

- 了解云计算关键技术
- 了解鲲鹏云计算技术与鲲鹏云服务

随着科技的发展，IT 行业不断发生变革。云计算以其高效、节能、方便等特性深受企业欢迎，加上席卷而来的数字化浪潮，云计算的重要性已经上升到了国家战略层面，各个国家都在大力发展云计算，为数字化转型铺路。

本章将主要介绍云计算关键技术、鲲鹏云计算技术与鲲鹏云服务。

7.1 云计算关键技术

云计算专家曾说过：云计算是一种商业计算模型。它将计算任务分布在由大量计算机构成的资源池中，使各种应用系统能够根据需要获取计算力、存储空间和信息服务。

云计算是一种服务的交付和使用模式，它强调按需获得服务，这种服务可以是软件、互联网相关服务，也可以是其他服务，这意味着计算能力可以作为一种商品通过互联网进行流通。

云计算按照服务方式可以分为私有云、公有云、混合云三大类。

（1）私有云：一种由单一云服务用户控制和专享的云部署模式，其中资源专用于该用户。

（2）公有云：一种由云服务提供商拥有并管理的云部署模式，向众多云服务用户提供共享的资源和服务。

（3）混合云：结合了公有云和私有云的特性，允许数据和应用程序在两者之间共享或迁移，以实现灵活的资源管理和优化。

云计算具备快速弹性、统一网络接入、按需自助等特性。它具备实现智能资源调度、业务快速部署等功能，可提高资源利用率。云计算会使用各种技术，其中虚拟化技术是云计算的核心。

7.1.1 虚拟化技术

虚拟化是一种资源管理技术，对计算机的各种实体资源，如服务器、网络、存储等进行抽象、转换后呈现出来。它打破了实体结构间不可切割的障碍，使用户可以以更好的方式使用这些资源。这些资源的虚拟部分是不受现有资源的架设方式、地域或物理组态所限制的。

如图 7-1 所示，左边展示的是未虚拟化的物理机，由硬件与操作系统构成；右边展示的是虚拟化后的物理机，除底层硬件和操作系统以外，还有虚拟机监视器（Virtual Machine Monitor，VMM，也称虚拟化层）和虚拟机，其中虚拟机通过 VMM 来分配需要使用的硬件资源。

 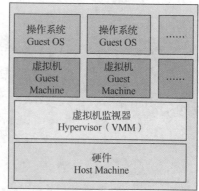

图 7-1　未虚拟化的物理机 VS 虚拟化后的物理机

虚拟化可以提高硬件利用率和 IT 运维效率，还能降低能耗，实现操作系统和硬件的解耦，使一台机器可以根据需要安装多个操作系统，提高对软件的兼容性。

按照架构的不同，虚拟化可以分为以下 3 种类型。

（1）寄居型虚拟化：在宿主操作系统之上安装和运行虚拟化程序，依赖于宿主操作系统对设备的支持和物理资源的管理。

（2）裸金属虚拟化：直接在硬件上安装虚拟化软件，在虚拟层上安装操作系统和应用，依赖 VMM 内核和服务器控制台进行管理。

（3）操作系统虚拟化：没有独立 VMM，主机操作系统本身负责在多台虚拟服务器之间分配硬件资源，并使这些服务器彼此独立。所有虚拟服务器必须运行在同一操作系统下（但每个实例有各自的应用程序和用户账户）。

这 3 种架构不同的虚拟化类型的对比如表 7-1 所示。

表 7-1　寄居型虚拟化、裸金属虚拟化、操作系统虚拟化的对比

类型 对比项	寄居型虚拟化	裸金属虚拟化	操作系统虚拟化
部署难易	部署简单、易于实现	部署相对较难	部署简单、易于实现
支持的操作系统	支持多种操作系统	支持多种操作系统、多种应用	隔离性差，多容器共享同一操作系统
依赖性	安装和运行应用程序依赖于主机操作系统对设备的支持	不依赖主机操作系统	依赖主机操作系统
管理开销	管理开销较大、性能损耗大	管理开销较小	管理开销非常小

按照硬件资源调用模式，虚拟化可以分为以下 3 种类型。

（1）全虚拟化：虚拟客户操作系统与底层硬件完全隔离，由中间的 VMM 转换虚拟客户操作系统对底层硬件的调用代码。全虚拟化无须更改客户端操作系统，兼容性好。

（2）半虚拟化：在虚拟客户操作系统中加入特定虚拟化指令，通过这些指令可以直接通过 VMM 调用硬件资源，避免 VMM 转换指令的性能开销。

（3）硬件辅助虚拟化：在 CPU 中加入了新的指令集和处理器运行模式，完成虚拟客户操作系统对硬件资源的直接调用。

这 3 种硬件资源调用模式不同的虚拟化类型的对比如表 7-2 所示。

表 7-2 全虚拟化、半虚拟化、硬件辅助虚拟化的对比

类型 对比项	全虚拟化	半虚拟化	硬件辅助虚拟化
兼容性	无须修改客户操作系统，兼容性好	无须修改客户操作系统，兼容性较好	兼容性差
性能	性能差	性能较差	性能好

针对不同组件、不同层面，虚拟化可以分为计算虚拟化、存储虚拟化和网络虚拟化这 3 种类型。

（1）计算虚拟化：又可细分为 CPU 虚拟化、内存虚拟化、I/O 虚拟化等。

① CPU 虚拟化：主要指对指令的模拟，通过定时器中断，在中断触发时陷入 VMM 进行模拟，VMM 根据调度机制将其调度到 CPU 上执行。

② 内存虚拟化：对物理机的真实物理内存进行统一管理，包装成多份虚拟的内存给若干虚拟机使用。

③ I/O 虚拟化：现实中的外设资源是有限的，为了满足多个客户机操作系统的需求，VMM 必须通过 I/O 虚拟化的方式复用有限的外设资源。

（2）存储虚拟化：在不同的存储设备上加入虚拟化逻辑层，通过逻辑层可以统一访问这些不同的存储资源。对管理员来说，可以很方便地调整存储资源、提高存储利用率。对用户来说，集中管理的存储设备可以提供更好的性能和易用性。

（3）网络虚拟化：可以虚拟网卡，也可以虚拟交换机。

① 虚拟网卡：用软件模拟网络环境，其功能类似于真实网卡，无须连接。在使用上和真实网卡几乎一样，可以为虚拟机部署一个或多个网卡。每个网卡都可以安装各类网络协议，设置各自的 IP 地址、介质访问控制（Medium Access Control，MAC）地址，可以和不同的网络环境通信。

② 虚拟交换机：通过软件仿真的方式形成虚拟交换机组件，提供交换机的功能。同一个物理服务器内部的虚拟机相互通信时，利用虚拟交换机在服务器内部提供二层转发功能。

7.1.2 基于 ARM 架构的主流虚拟化技术

随着 ARM 芯片进入服务器市场，华为基于自研 ARM 服务器推出了鲲鹏虚拟化技术，该技术自底向上包括硬件基础设施、FusionCompute、容灾备份等几个层面。鲲鹏虚拟化技术支持将管理节点、计算节点、存储节点全部部署到 ARM 服务器上，其中管理节点可以部署到 ARM 虚拟机上。

鲲鹏虚拟化技术架构如图 7-2 所示，它的底层是 ARM 服务器、FusionStorage（华为分布式存储）、本地虚拟化、网络&安全等硬件基础设施，采用 FusionCompute 作为虚拟化基础平台，对物理资源进行整合管理；使用 UltraVR（华为容灾软件）和 eBackup（华为备份软件）分别提供容灾和备份能力。在此基础上，用户可以在虚拟化平台上部署 Web、E-mail、数据库、仿真、游戏、桌面办公等应用。

鲲鹏虚拟化技术的部署形态有以下 3 种。

（1）全栈 ARM 部署，即管理节点和计算节点都是 ARM 部署。

（2）管理节点 x86 部署，计算节点 ARM 和 x86 混合部署。

（3）管理节点 ARM 部署，计算节点 ARM 和 x86 混合部署。

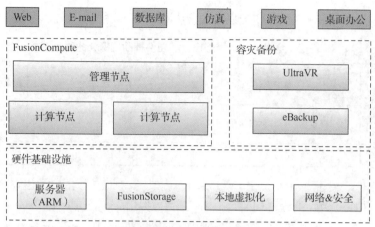

图 7-2　鲲鹏虚拟化技术架构

鲲鹏虚拟化技术支持全栈 ARM 部署，即管理节点、计算节点全部部署在 ARM 服务器上（管理节点可以部署在 ARM 虚拟机上），其部署架构如图 7-3 所示。

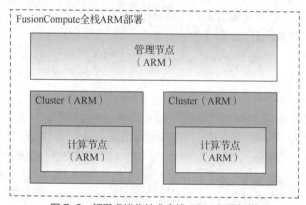

图 7-3　鲲鹏虚拟化技术全栈 ARM 部署架构

管理节点 x86 部署，计算节点 ARM 和 x86 混合部署形态通常出现在硬件资源包括 x86 和 ARM 两种服务器且 FusionCompute 已经基于 x86 部署了虚拟化的场景中，可以通过扩容新的计算节点的方式支持 ARM，其部署架构如图 7-4 所示。

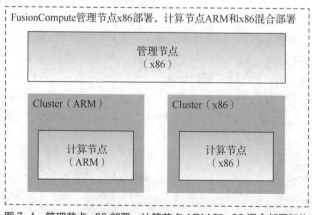

图 7-4　管理节点 x86 部署，计算节点 ARM 和 x86 混合部署架构

管理节点 ARM 部署，计算节点 ARM 和 x86 混合部署形态通常出现在硬件资源包括 x86 和 ARM 两种服务器且 FusionCompute 管理节点采用 ARM 部署后，后期计算节点同样支持 ARM 和 x86 以多节点为粒度混合部署的场景，其部署架构如图 7-5 所示。

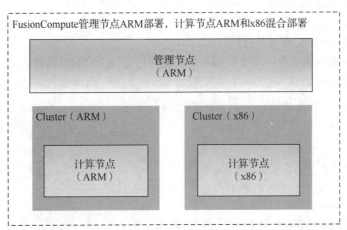

图 7-5　管理节点 ARM 部署，计算节点 ARM 和 x86 混合部署架构

鲲鹏虚拟化技术主要包括如下几个特点。

（1）鲲鹏虚拟化技术基于 TaiShan 服务器实现管理、计算、存储等节点的全部 ARM 部署，各节点采用自研芯片，实现自主可控，保证供应安全。

（2）鲲鹏虚拟化技术从硬件底层芯片、服务器到中间操作系统、虚拟化软件，再到上层的云平台，全部是华为自研的，能够结合软硬件特性进行优化，实现最优性能；同时利用芯片优势，在虚拟化层面提供硬件直通能力，满足特殊领域的性能需求。

（3）在鲲鹏虚拟化技术中，通过采用基于 ARM 1822 芯片的智能网卡，实现虚拟交换机硬件卸载，提升虚拟网络的包收发性能和处理能力，大大提升了网络性能。

鲲鹏虚拟化技术包括的计算虚拟化、存储虚拟化、网络虚拟化这 3 种虚拟化技术，都可以由 FusionCompute 实现。

（1）计算虚拟化：计算虚拟化技术就是将通用 ARM 服务器经过虚拟化软件，为最终用户呈现标准的虚拟机。这些虚拟机就像同一个厂家生产的系列化产品一样，具备系列化硬件配置，使用相同的驱动程序。

FusionCompute 支持将 ARM 服务器虚拟化为多台虚拟机。最终用户可以在这些虚拟机上安装各种软件、挂载磁盘、调整配置、调整网络，就像使用普通的 ARM 服务器一样。

（2）存储虚拟化：FusionCompute 支持将计算节点本地存储，将 FusionStorage 提供的虚拟存储空间统一管理，以虚拟卷的形式分配给虚拟机使用。

最终用户操作这些虚拟卷就像使用 ARM 服务器本地硬盘一样，可以格式化、安装文件系统、安装操作系统、读写文件。同时，存储虚拟化具备快照能力，可以调整存储空间大小，这是物理硬盘所不能实现的。

（3）网络虚拟化：FusionCompute 支持分布式虚拟交换，可以向虚拟机提供独立的网络平面。像物理交换机一样，不同的网络平面间通过虚拟局域网（Virtual Local Area Network，VLAN）进行隔离。

7.1.3 分布式技术

云计算除广泛使用虚拟化技术外，还用到了很多分布式技术，以支持云计算的池化和扩展能力。分布式技术包括分布式计算、分布式存储等技术。华为 FusionStorage 是一款可大规模横向扩展、弹性伸缩的数据中心级智能分布式存储产品。

FusionStorage 通过系统软件将通用硬件的本地存储资源组织起来构建成全分布式存储池，实现向上层应用提供分布式块存储、分布式对象存储、分布式文件存储等多种存储服务，每种存储服务都可提供丰富的业务功能和增值特性；支持企业根据业务需要灵活购买和部署一种或多种存储服务，解决了传统数据中心多类型存储系统烟囱式构建形成资源孤岛、硬件资源利用不均等问题。

（1）分布式块存储服务：提供 SCSI、iSCSI 等标准访问接口协议，支持广泛的虚拟化平台及数据库应用，提供高性能与高可扩展能力，满足虚拟化、云资源池及数据库等场景的存储区域网（Storage Area Network，SAN）存储需求。

（2）分布式对象存储服务：提供 Amazon S3 等标准 API，支持主流云计算生态，满足内容存储、云备份、云归档及公有云存储服务运营场景需求。

（3）分布式文件存储服务：提供网络文件系统（Network File System，NFS）、通用网络文件系统（Common Internet File System，CIFS）和 FTP 等标准接口，以卓越性能、大规模横向扩展能力和超大规模分布式文件系统为用户提供非结构化数据共享存储资源，应用于视/音频、HPC、视频监控等多业务场景。

其主要子系统的功能描述如表 7-3 所示。

表 7-3 FusionStorage 主要子系统的功能描述

子系统描述	子模块	功能描述
业务系统	Access Layer（接入层）	用于应用访问存储系统的标准访问接口，支持 SCSI/iSCSI 标准访问接口协议
	Service Layer（服务层）	提供各种特性，如快照、克隆、异步复制、双活等企业级特性
	Index Layer（索引层）	用于数据逻辑空间和物理空间的转换，数据的重复删除、压缩等功能在该层实现
	Persistence Layer（持久化层）	采用 Plog 接口访问（一种 Append Only 的 ROW 写机制），用于数据的存放，包括多副本、纠删码（Erasure Code，EC）、数据均衡与重构等
管理系统	资源管理	对存储资源池进行管理和分配，提供数据冗余保护，包括多副本保护和纠错码保护
	业务管理	支持按存储资源池发放块存储服务
	系统管理	支持对系统进行初始化配置和必要的业务功能配置，支持设备拓扑管理，可提供系统设备拓扑，方便用户查看和管理设备拓扑
	用户管理	支持对用户的增删改查，包括用户的等级、权限等
	安装部署	完成系统的初始安装、部署

续表

子系统描述	子模块	功能描述
管理系统	升级	支持对系统的升级，包括软件升级、操作系统升级、固件升级等
	扩容	完成系统的在线扩容、缩容
	巡检/信息收集	支持对设备的详细管理，可提供设备详细配置和运行状态信息，方便用户了解设备配置信息和健康状态

FusionStorage 基于通用服务器硬件设计，支持华为及业界主流服务器硬件，具体型号通过兼容性认证方式提供，若采用华为服务器，则可以提供软硬一体化解决方案，实现可靠性、性能和可服务性的增强。

为了保证系统可靠性及最佳性能，推荐采用表 7-4 所示的 FusionStorage 硬件平台典型配置。

表 7-4　FusionStorage 硬件平台典型配置

硬件类型	推荐选型
TaiShan 硬件节点	Huawei TaiShan 200（Model 5280）系列
	Huawei TaiShan 200（Model 2280）系列
	Huawei TaiShan 5280 系列
	Huawei TaiShan 2280 系列
x86 硬件节点	Huawei FusionServer 5288 V5 系列
	Huawei FusionServer 2288H V5 系列

7.2　鲲鹏云计算技术与鲲鹏云服务

随着数据中心业务的发展，传统数据中心面临着很多新挑战。为了应对传统数据中心面临的挑战并顺应技术发展趋势，华为推出了华为云 Stack。

7.2.1　鲲鹏云计算技术

本节主要介绍华为云 Stack 的架构与特性。

如图 7-6 所示，华为云 Stack 架构从功能上划分为基础设施、资源池、云服务、应用域和管理域。在华为云 Stack 中，采用 FusionSphere OpenStack 作为云平台，对各个物理数据中心资源进行整合；采用 ManageOne 作为数据中心管理软件，对多个数据中心进行统一管理；通过云平台和数据中心管理软件协同运作，达到多数据中心融合、提升企业整体 IT 效率的目的。除此之外，华为云 Stack 提供计算、存储、网络、安全、灾备等丰富的云服务。

FusionSphere 是华为面向多行业用户推出的云操作系统技术。它基于开放的 OpenStack 架构，针对企业云计算数据中心场景进行设计和优化，提供强大的虚拟化功能和资源池管理能力、丰富的云基础服务组件和工具、开放标准化 API，可以帮助用户水平整合数据中心物理和虚拟资源，垂直优化业务平台，在支持现有企业 IT 应用的同时，也面向新兴应用场景，让企业的云计算建设、使用及演进更加便捷、平滑。

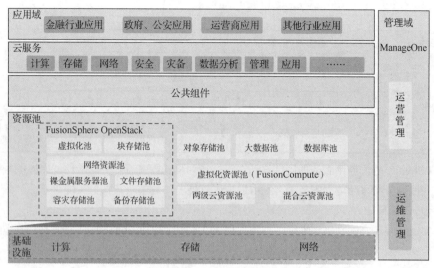

图 7-6　华为云 Stack 架构

FusionSphere 有以下几个特点。

（1）开放性：FusionSphere 基于 OpenStack（OpenStack 是一个开源的云计算管理平台项目，是一系列软件开源项目的组合）构建，支持多厂家产品，实现了计算、存储、网络等方面的开放性；同时提供标准的 OpenStack API，方便与第三方厂商产品进行对接和集成。

（2）灵活性：FusionSphere 采用面向服务的体系结构（Service-Oriented Architecture，SOA），以便根据用户需求进行功能的扩展和裁剪。

（3）高可靠性：FusionSphere 通过以下措施全面提升系统的可靠性，打造运营商级云计算平台。

① 管理服务均以主备或者负载均衡模式部署，以消除单点故障。

② 管理数据采用主备方式存储，并定期备份，以确保数据可靠性。

③ 将物理网络划分为多个逻辑平面，并采用 VLAN 进行隔离，以保证数据传输的可靠性和安全性。

ManageOne 作为华为云 Stack 中的核心云管理平台（Cloud Management Platform，CMP），通过自主研发及第三方组件的集成，赋能企业用户统一管理其私有云资源与租用的公有云资源，涵盖了全方位的功能模块：包括面向租户的自助服务平台、云产品管理与产品目录、计算、存储及网络资源的自动化配置，以及云服务与资源的综合运维监控体系。

华为云 Stack 有以下特性。

（1）高可用性：通过冗余、高可用集群、应用与底层设备松耦合等特性来体现，从硬件设备冗余、链路冗余、应用容错等方面充分保证整体系统的高可用性。

（2）可靠性：包括整体可靠性、数据可靠性和单一设备可靠性。通过云平台的分布式架构，从整体上提高系统可靠性，降低系统对单设备可靠性的要求。

（3）安全性：遵循行业安全规范，设计安全防护机制，保证用户数据中心安全。重点保障网络安全、主机安全、虚拟化安全和数据安全。

（4）成熟性：从架构设计、软硬件选型和 IT 管理这 3 个方面设计数据中心，采用经过大规模商用实践检验的架构方案和软硬件产品选型，采用符合信息技术基础架构库（Information Technology Infrastructure Library，ITIL）规范的 IT 管理方案，保障方案的成熟性。

（5）先进性：合理利用云计算的技术先进性和理念先进性，突出云计算给用户带来的价值。采用虚拟化、资源动态部署等先进技术与模式，与业务相结合，确保先进技术与模式应用的有效性及适用性。

（6）开放性：采用业界主流的开源云平台 FusionSphere OpenStack，充分融入行业生态，最大限度地保证资源池建设投资有效利用。

（7）可扩展性：支撑数据中心的资源需要根据业务应用工作负荷需求进行弹性伸缩，IT 基础架构应与业务系统松耦合。在业务系统进行容量扩展时，增加相应数量的 IT 硬件设备即可实现系统的灵活扩展。

7.2.2 鲲鹏云服务

华为云 Stack 提供了丰富的鲲鹏云服务，这些云服务基于鲲鹏处理器等多元基础设施，涵盖裸机、虚拟机、容器等形态，具备多核高并发特点，非常适用于 AI、大数据、HPC、云手机/云游戏等场景。图 7-7 所示为部分鲲鹏云服务。本节将针对一些常用的鲲鹏云服务进行介绍。

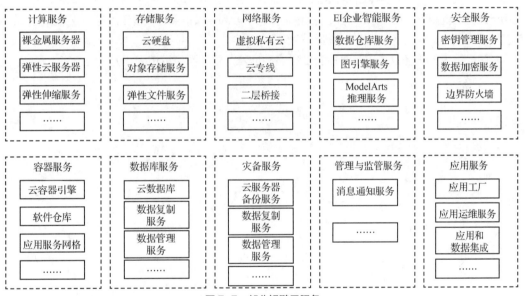

图 7-7　部分鲲鹏云服务

下面将介绍图 7-7 中典型的云服务。

（1）裸金属服务器（BMS）：为租户提供专属的物理服务器，拥有卓越的计算性能，能够同时满足核心应用场景对高性能及稳定性的需求，并可以和虚拟私有云等其他云服务灵活结合使用，综合了传统托管主机的稳定性与云上资源高度弹性的优势。

（2）弹性云服务器（ECS）：是由 CPU、内存、磁盘等组成的随时可获取、弹性可扩展、按需使用的虚拟的计算服务器。它结合虚拟私有云、云服务器备份服务等，打造了一个高效、可靠、安全的计算环境，确保安装在 ECS 上的其他服务持久稳定运行。ECS 的 CPU、内存等为虚拟化技术整合后的硬件资源。

（3）云硬盘（即弹性容量服务，Elastic Volume Service，EVS）：是一种虚拟块存储服务，主要为 ECS 和 BMS 提供块存储空间。用户可以在线创建云硬盘并挂载实例，云硬盘的使用方式与传统服务器硬盘完全一致。云硬盘具有更高的数据可靠性、更强的 I/O 吞吐能力和更加简单易用等特点，适用于文件系统、数据库或者其他需要块存储设备的系统软件或应用。

（4）对象存储服务（Object Storage Service，OBS）：是一个基于对象的海量存储服务，提供海量、安全、高可靠性、低成本的数据存储能力，包括创建、修改、删除桶，上传、下载、删除对象等。OBS 适用于任意类型的文件，适合普通用户、网站、企业和开发者使用。

（5）弹性文件服务（Scalable File Service，SFS）：为用户的 ECS 提供一个完全托管的共享文件存储，符合标准文件协议（NFS），能够弹性伸缩至 PB 规模，具备可扩展的性能，为海量数据、高带宽型应用提供有力支持。

（6）虚拟私有云（Virtual Private Cloud，VPC）：是一套为实例构建的逻辑隔离的、由用户自主配置和管理的虚拟网络环境，旨在提升用户资源的安全性，简化用户的网络部署。用户可以在 VPC 中自由选择 IP 地址范围、创建多个子网、自定义安全组以及配置路由表和网关等，方便管理和配置网络，进行安全、快捷的网络变更；同时，通过自定义安全组内与组间实例的访问规则，以及防火墙等多种安全层，加强对子网中实例的访问控制。

（7）云服务器备份服务（Cloud Server Backup Service，CSBS）：为 ECS 创建备份（备份内容包括云服务器的配置规格、系统盘和数据盘的数据），利用备份数据恢复云服务器业务数据，最大限度地保障用户数据的安全性和正确性，确保业务安全。

鲲鹏云提供的服务众多，涵盖各行业的多种场景，更多服务可访问华为公有云官方网站进行查阅。

第8章

鲲鹏应用迁移与开发

学习目标

- 了解鲲鹏开发套件
- 了解鲲鹏软件开发模式
- 掌握鲲鹏应用迁移方法

ARM 处理器以其低能耗、16 位/32 位双指令集、应用生态多等优势深受计算领域欢迎，尤其是移动终端领域对其更是青睐有加，而鲲鹏处理器作为 ARM 架构的中流砥柱，已经被越来越多的领域所使用。

目前，很多传统软件是在 x86 架构下开发、部署、使用的，本章将具体介绍如何将这些应用平滑迁移到鲲鹏底座上。

8.1 鲲鹏软件迁移

为什么需要做软件迁移呢？ARM 处理器在同等性能情况下，比 x86 能耗更低、成本更低，因此广受企业欢迎。而企业原本部署在 x86 平台上的软件，要在鲲鹏通用计算平台上使用，就需要进行软件迁移。

当企业有软件需要迁移时，迁移评估分析过程中需要对一行行代码进行检查，往往面临着人工投入大、准确率低、整体效率低下的难题。华为开发套件可帮助开发者加速应用迁移。华为推出的鲲鹏开发套件包括代码迁移、加速库、编译器和性能优化等一系列软件工具，并提供了一整套方案和服务流程，帮助用户更好地完成鲲鹏软件迁移工作。

8.1.1 鲲鹏迁移概述

使用鲲鹏处理器时，软件迁移会遇到一些问题。在了解这些问题前，需要先了解计算机技术栈和程序执行过程。

如图 8-1 所示，左边展示的是计算机技术栈，可以看到硬件在底层，CPU 指令集是硬件和软件的接口，应用程序通过指令集中定义的指令驱动硬件完成计算；右边展示的是程序执行过程，应用程序通过一定的软件算法完成业务功能，程序通常使用 C、C++、Java、Go、Python 等高级语言开发，高级语言需要编译成汇编语言，再由汇编器按照 CPU 指令集转换成二进制的机器码，一个程序在磁盘上存在的形式是一堆指令和数据所组成的机器码，即通常说的二进制文件。安装在 x86 架构下的应用软件，其指令集架构是复杂指令集，而鲲鹏架构下的应用软件，其指令集架构是精简指令集，也就是说，使用高级语言编写的应用软件编译后的代码在 x86 架构和鲲鹏处理器架构下是不一样的，因此在 x86 架构下开发的应用软件不能在鲲鹏处理器架构下直接使用，需要对源码进行重新编译。

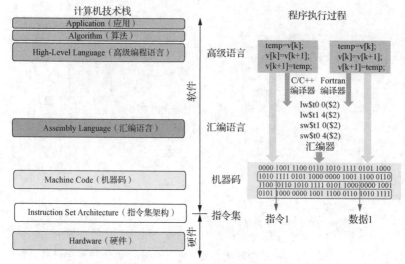

图 8-1　计算机技术栈与程序执行过程

```
int main()
{
int a = 1;
int b = 2;
int c = 0;
c = a + b;
return c;
}
```

上述这段 C/C++ 代码在不同处理器下的指令是不一样的。表 8-1 所示为这段代码在鲲鹏处理器中的处理过程，表 8-2 所示为这段代码在 x86 处理器中的处理过程，同一段代码经过编译和汇编后，不论是汇编代码还是指令，都是不同的。

表 8-1　代码在鲲鹏处理器中的处理过程

指令	汇编代码	说明
b9400fe1	ldr　x1, [sp,#12]	从内存中将变量 a 的值放入寄存器 x1
b9400be0	ldr　x0, [sp,#8]	从内存中将变量 b 的值放入寄存器 x0
0b000020	add x0, x1, x0	将 x1 中的值加上 x0 中的值放入 x0
b90007e0	str　x0, [sp,#4]	将 x0 中的值存入内存（变量 c）

表 8-2　代码在 x86 处理器中的处理过程

指令	汇编代码	说明
8b 55 fc	mov -0x4(%rbp),%edx	从内存中将变量 a 的值放入寄存器 edx
8b 45 f8	mov -0x8(%rbp),%eax	从内存中将变量 b 的值放入寄存器 eax
01 d0	add %edx,%eax	将 edx 中的值加上 eax 中的值放入 eax
89 45 f4	mov %eax,-0xc(%rbp)	将 eax 中的值存入内存（变量 c）

在进行软件迁移时，对于编译型语言编写的软件需要重新编译，解释型语言不需要编译。具体来说，如 C、C++、Go 等编译型语言开发的程序在从 x86 处理器迁移到鲲鹏处理器时，必须重新编译才能运行；如 Python、JavaScript 等解释型语言开发的程序在从 x86 处理器迁移到鲲鹏处理器时，一般不需要重新编译。

传统应用迁移的流程分为以下 5 个步骤，每个步骤都有其对应的问题。

（1）检查软件栈兼容性：其主要问题是需要逐一查找编程相关资料确认。

（2）检索依赖库：其主要问题是反复进行编译才能检测出所有依赖库。

（3）编译参数修改：其主要问题是部分错误在运行时才能发现。

（4）迁移汇编代码：其主要问题是查找和修改需要替换的汇编代码比较耗时。

（5）迁移后性能调优：其主要问题是缺乏全量工具来分析性能瓶颈。

总的来说，传统应用迁移流程的缺点主要有以下 3 个。

（1）在评估软件迁移技术可行性时，人工分析投入大、周期长，需要反复编译、调试，准确率低。

（2）在判定软件功能是否可用时，迁移专业技能不高的工程师需要反复定位、试错，准确率低。

（3）在性能调优时，依赖经验进行人工定位，调优能力弱，优化效果不佳。

8.1.2　鲲鹏迁移工具

为解决传统应用迁移的问题，鲲鹏开发套件应运而生。鲲鹏开发套件是系统化协助开发者针对鲲鹏处理器快速进行应用软件迁移与调优的工具集，主要包括鲲鹏代码迁移工具和鲲鹏性能分析工具等系列配套工具。它能对海量代码进行自动化扫描和分析，识别出需要迁移的依赖库文件，给出专业的迁移报告与建议，并提供从系统、进程、函数到代码的全景性能分析，为开发者提供从软件评估、代码迁移到性能调优的端到端的一站式服务套件。

鲲鹏开发套件可以使用以下两种模式进行访问、使用。

（1）Web 浏览器模式：该模式工具部署在服务器端，用户可以通过 Web 浏览器访问工具界面，以使操作更简单、快捷。其主要工具有鲲鹏代码迁移工具和鲲鹏性能分析工具。

（2）Visual Studio Code 插件模式：该模式沿袭开发者习惯，基于 Visual Studio Code 为开发者提供一站式开发套件（即 IDE）入口，开发者无须在多个工具之间切换。其主要插件有鲲鹏代码迁移插件、鲲鹏开发框架插件、鲲鹏编译插件、鲲鹏性能分析插件。

使用鲲鹏开发套件，鲲鹏迁移流程将会大大简化，传统流程中遇到的问题也将迎刃而解。首先，鲲鹏代码迁移工具提供的自动代码迁移功能可以解决约 90% 的 C/C++ 语言问题和约 80% 的依赖库问题。其次，加速库重编译的编译过程更智能，具备更优的代码运行效率。最后，鲲鹏性能分析工具使性能数据可视化，可以进行一键式优化。

下面介绍鲲鹏开发套件中的主要工具。

（1）鲲鹏代码迁移工具：可分析代码可迁移性和迁移投入，也可以自动分析需要修改的代码内容，并指导用户如何修改。用户软件迁移到鲲鹏处理器上时，可以先用该工具分析可迁移性和迁移投入。它既能解决用户软件迁移评估分析过程中人工分析投入大、准确率低、整体效率低下的问题（通过该工具能够自动分析并输出指导报告），又能解决用户代码兼容性人工排查困难、迁移经验欠缺、反复依赖编译调错定位等问题。

（2）鲲鹏性能分析工具：包括系统性能分析、Java 性能分析、系统诊断和调优助手这 4 个子工具。

①　系统性能分析：是针对基于鲲鹏处理器的性能分析工具，能收集处理器硬件、操作系统、进程/线程、函数等各层次的性能数据，分析系统性能指标，定位到系统瓶颈点及热点函数，并给出优化建议。该工具可以辅助用户快速定位和处理软件性能问题。

②　Java 性能分析：是针对基于鲲鹏处理器上运行的 Java 程序的性能分析和优化工具，可以图形化显示 Java 程序的堆、线程、锁、垃圾回收等信息，收集热点函数，定位程序瓶颈点，帮助用户采取针对性优化。

③　系统诊断：是针对基于鲲鹏处理器的性能分析工具，提供内存泄漏诊断（包括内存未释放和异常释放）、内存越界诊断、内存消耗信息分析展示、网络丢包分析展示等功能，帮助用户识别出源码中内存使用的问题，提升程序可靠性。该工具还支持压力测试，如网络 I/O 诊断、评估系统最大性能等。

④　调优助手：是针对基于鲲鹏处理器的调优工具，能系统化地组织性能指标，引导用户分析性能瓶颈，实现快速调优。

用户软件在鲲鹏处理器上运行遇到性能或体验问题时，可用鲲鹏性能分析工具来分析、定位及调优。它解决了用户软件运行遇到性能问题时凭人工经验定位困难、调优能力弱的问题。

8.2　鲲鹏软件开发

在 8.1.2 节中介绍了鲲鹏迁移工具能帮助开发者将 x86 架构下开发的应用软件迁移到鲲鹏架构的服务器上使用，本节将主要介绍鲲鹏软件开发模式和鲲鹏软件开发实践。

8.2.1　鲲鹏软件开发模式

鲲鹏软件开发模式按照开发环境指令集架构，可以分为鲲鹏原生开发和鲲鹏交叉开发。

（1）鲲鹏原生开发：鲲鹏处理器是基于 ARMv8 架构开发的，所以当使用 ARMv8 架构的开发环境进行软件开发时，称为鲲鹏原生开发。

鲲鹏原生开发中的开发环境和运行环境相同。开发软件时，通常可以使用物理服务器或者云服务器进行开发，所以鲲鹏原生开发又可以分为物理服务器开发和云服务器开发。

①　物理服务器开发：基于鲲鹏处理器进行开发，如 TaiShan 服务器，在对计算性能和资源要求较高时使用，如自建数据中心。这种开发和通用 ARM 服务器开发一样，开发者要在物理机上安装开发时需要的操作系统和开发工具。

②　云服务器开发：基于鲲鹏处理器的云服务器进行开发，如 ECS 和 BMS 等。相对来说，云服务器开发更加灵活、简单，选择丰富，可弹性调整且按需计费。

（2）鲲鹏交叉开发：如果企业原本就有 x86 服务器，希望在 x86 服务器上开发可以在鲲鹏架构上直接运行的软件，那么需要在 x86 架构上搭建交叉环境进行编译开发，这称为鲲鹏交叉开发。

鲲鹏交叉开发其实是开发环境和运行环境不同时采用的开发模式。它的优势是可以在当前的资源上搭建开发环境，不需要额外的开发成本。例如，如果现有 x86 架构的服务器资源需要开发鲲鹏架构服务器上运行的软件，那么只需要在 x86 服务器上搭建交叉编译环境（主要是安装交叉编译器——Linaro）即可进行编译开发。

除此以外，华为还为开发者提供云端开发环境 CloudIDE。在云端开发环境中进行的软件开发称为鲲鹏云端开发。

对于基于容器的 Web 应用开发，可以使用鲲鹏云端开发，它的好处是使用灵活、方便。CloudIDE 是 DevCloud 的云端开发环境服务，向开发者提供按需配置、快速获取的工作空间（包含编辑器和运行环境），支持完成环境配置、代码阅读、编写代码、构建、运行、调试、预览等操作，并支持对接多种代码仓库。

8.2.2 鲲鹏软件开发实践

本节主要讲解鲲鹏交叉开发和鲲鹏云端开发的具体实践。

1. 鲲鹏交叉开发

如果要在 x86 服务器上开发鲲鹏软件，则可以搭建鲲鹏交叉开发环境，具体步骤如下（以 CentOS 为例）。

（1）安装标准的 C 开发环境。

```
# yum groupinstall Development Tools
```

（2）在/usr/local 下建立名为 ARM-toolchain 的文件夹。

```
# mkdir /usr/local/ARM-toolchain
```

（3）使用 wget 命令下载 gcc-linaro-5.5.0-2017.10-x86_64_aarch64-linux-gnu.tar.xz 安装包，如图 8-2 所示。

```
# cd /usr/local/ARM-toolchain
#wget https://releases.linaro.org/components/toolchain/binaries/latest-5/
aarch64-linux-gnu/gcc-linaro-5.5.0-2017.10-x86_64_aarch64-linux-gnu.tar.xz
```

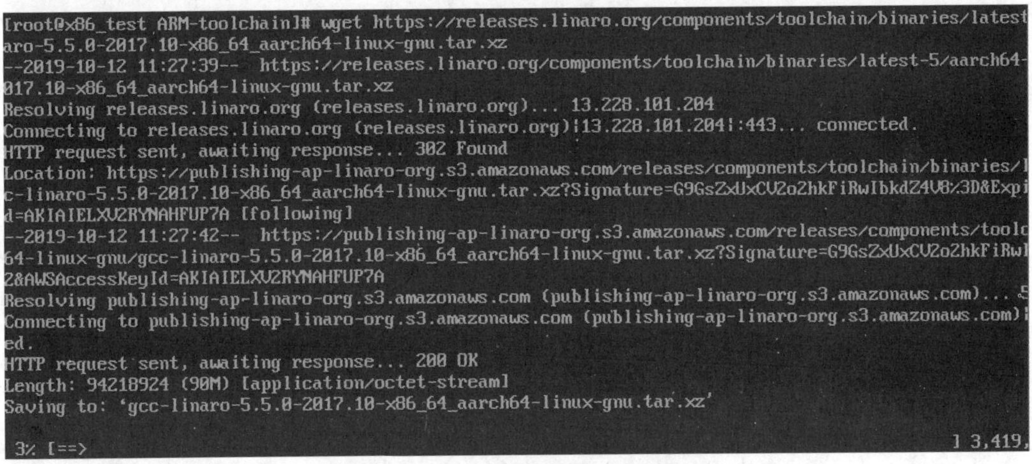

图 8-2　使用 wget 命令下载软件安装包

（4）解压安装包。

```
# tar -xvf gcc-linaro-5.5.0-2017.10-x86_64_aarch64-linux-gnu.tar.xz
```

（5）配置环境变量。

修改配置文件，在配置文件的最后一行加入路径配置。

```
# vim /etc/profile
export PATH=$PATH:/usr/local/ARM-toolchain/linaro/bin/
```

（6）使环境变量生效。

```
# source /etc/profile
```

（7）安装校验。

```
# aarch64-linux-gnu-gcc  -v
```

若显示图 8-3 所示的信息，则表示配置正确。

```
[root@x86_test ARM-toolchain]# aarch64-linux-gnu-gcc -v
Using built-in specs.
COLLECT_GCC=aarch64-linux-gnu-gcc
COLLECT_LTO_WRAPPER=/usr/local/ARM-toolchain/linaro/bin/../libexec/gcc/aarch64-linux-gnu/5.5.0/lto-wrapper
Target: aarch64-linux-gnu
Configured with: '/home/tcwg-buildslave/workspace/tcwg-make-release/builder_arch/amd64/label/tcwg-x86_64-build/target/aarch64-li
nux-gnu/snapshots/gcc.git~linaro-5.5-2017.10/configure' SHELL=/bin/bash --with-mpc=/home/tcwg-buildslave/workspace/tcwg-make-rel
ease/builder_arch/amd64/label/tcwg-x86_64-build/target/aarch64-linux-gnu/_build/builds/destdir/x86_64-unknown-linux-gnu --with-m
pfr=/home/tcwg-buildslave/workspace/tcwg-make-release/builder_arch/amd64/label/tcwg-x86_64-build/target/aarch64-linux-gnu/_build
/builds/destdir/x86_64-unknown-linux-gnu --with-gmp=/home/tcwg-buildslave/workspace/tcwg-make-release/builder_arch/amd64/label/t
cwg-x86_64-build/target/aarch64-linux-gnu/_build/builds/destdir/x86_64-unknown-linux-gnu --with-gnu-as --with-gnu-ld --disable-l
ibmudflap --enable-lto --enable-shared --without-included-gettext --enable-nls --disable-sjlj-exceptions --enable-gnu-unique-obj
ect --enable-linker-build-id --disable-libstdcxx-pch --enable-c99 --enable-clocale=gnu --enable-libstdcxx-debug --enable-long-lo
ng --with-cloog=no --with-ppl=no --with-isl=no --disable-multilib --enable-fix-cortex-a53-835769 --enable-fix-cortex-a53-843419
--with-arch=armv8-a --enable-threads=posix --enable-multiarch --enable-libstdcxx-time=yes --with-build-sysroot=/home/tcwg-builds
lave/workspace/tcwg-make-release/builder_arch/amd64/label/tcwg-x86_64-build/target/aarch64-linux-gnu/_build/sysroots/aarch64-lin
ux-gnu --with-sysroot=/home/tcwg-buildslave/workspace/tcwg-make-release/builder_arch/amd64/label/tcwg-x86_64-build/target/aarch6
4-linux-gnu/_build/builds/destdir/x86_64-unknown-linux-gnu/aarch64-linux-gnu/libc --enable-checking=release --disable-bootstrap
--enable-languages=c,c++,fortran,lto --build=x86_64-unknown-linux-gnu --host=x86_64-unknown-linux-gnu --target=aarch64-linux-gnu
--prefix=/home/tcwg-buildslave/workspace/tcwg-make-release/builder_arch/amd64/label/tcwg-x86_64-build/target/aarch64-linux-gnu/
_build/builds/destdir/x86_64-unknown-linux-gnu
Thread model: posix
gcc version 5.5.0 (Linaro GCC 5.5-2017.10)
```

图 8-3　安装校验

2. 鲲鹏云端开发

若当前没有本地服务器用于开发软件，则可以使用云端服务器进行开发。创建 CloudIDE 的操作流程如图 8-4 所示。

图 8-4　创建 CloudIDE 的操作流程

（1）创建 CloudIDE 实例。在华为云 CloudIDE 首页中，单击右上角的"新建实例"按钮，创建 CloudIDE 实例，如图 8-5 所示，其中包括"基础配置"和"工程配置"。

图 8-5　创建 CloudIDE 实例

（2）启动 CloudIDE 实例。在 CloudIDE 首页中，单击目标 IDE 实例所在行的 ▶ 按钮，启动 Cloud
IDE 实例，如图 8-6 所示。

图 8-6　启动 CloudIDE 实例

（3）CloudIDE 编码。在 CloudIDE 中，可以编写代码，并对代码进行提交、构建和运行，如
图 8-7 所示。

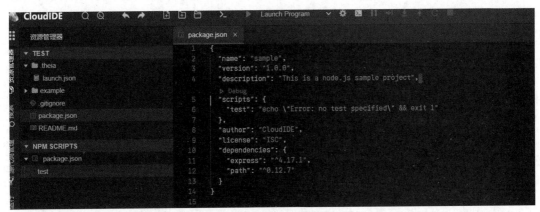

图 8-7　CloudIDE 编码

（4）CloudIDE 调试。在 CloudIDE 中，运行已提交的代码后，可以对代码进行在线调试，如
图 8-8 所示。

99

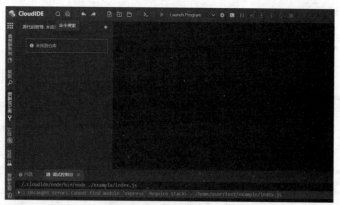

图 8-8　CloudIDE 调试

8.3　鲲鹏软件迁移实践

随着鲲鹏生态的不断完善，越来越多的软件需要迁移到鲲鹏环境中。本节将以实际案例来具体介绍迁移的流程和操作步骤。

8.3.1　鲲鹏软件迁移流程

鲲鹏软件迁移流程如图 8-9 所示，具体分为 5 个阶段。

图 8-9　鲲鹏软件迁移流程

阶段 1：技术分析，对编程语言/代码、依赖库、中间件、应用软件等进行评估分析，确认迁移的可行性，如果可行，则准备调试编译环境，并成立项目组，制订迁移计划并协调相关人力和物力资源。

阶段 2：编译迁移，重写汇编代码，修改编译选项，搭建编译调试环境对代码重新编译，同时完成例行监控与沟通汇报工作。

阶段 3：功能验证，搭建功能测试环境进行全量功能的验证和交付工具的适配，同时完成例行监控与沟通汇报工作。

阶段 4：性能调优，部署测试工具，进行全面的性能测试和调优，同时完成例行监控与沟通汇报工作。

阶段 5：规模商用，部署生产系统，进行可靠性、可服务性验证和配置工具开发，割接上线，对上市资料进行更新，同时完成项目总结。

对于鲲鹏软件迁移的整个流程而言，华为提供端到端的服务，具体如下。

（1）应用迁移评估：对用户现有业务系统的 IT 基础架构进行评估和分析，提供应用整体迁移的可行性分析和整体迁移的规划建议。

（2）迁移方案设计：对用户的业务系统进行迁移方案设计，包括云上基础设施选型及技术架构选型，并根据业务系统复杂度评估工作量等。

（3）应用改造支持：协助用户进行迁移涉及的基础组件、语言环境、中间件的安装和部署以及应用数据迁移的辅助支持。

（4）测试验证支持：基于用户的测试用例，协助及配合用户进行全面的业务功能测试，以保证用户的业务系统能满足迁移前的服务能力。

（5）迁移实施保障：协助将用户的业务系统成功迁移到鲲鹏云，对过程中出现的问题，提供专业的技术支持服务。业务系统迁移完成后，在一个服务保障周期内，协助用户对出现问题的组件进行处理。

应用迁移评估流程如图 8-10 所示。

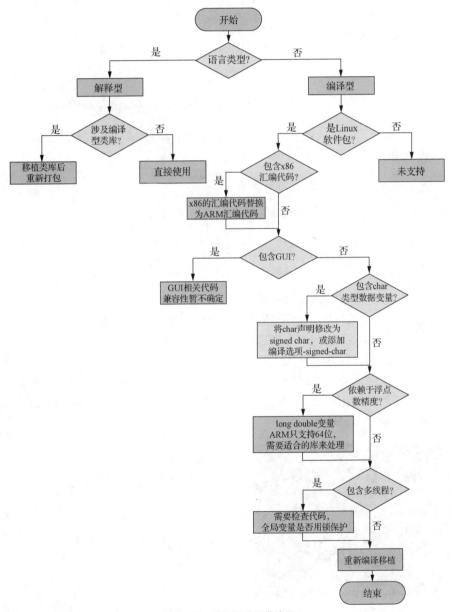

图 8-10　应用迁移评估流程

首先分析源码编程语言类型，如果是解释型语言且不涉及编译型类库，则可直接使用源码在鲲鹏环境中进行安装；如果涉及编译型类库，则需要迁移类库重新打包安装。如果源码编程语言是编译型语言且不是 Linux 软件包，则无法进行迁移。如果是 Linux 软件包，但是包含 x86 汇编代码，则需要将 x86 汇编代码替换为 ARM 汇编代码。如果不包含 x86 汇编代码，但是包含图形用户界面（Graphical User Interface，GUI），则需要进行具体分析。如果不包含 x86 汇编代码且不包含 GUI，则需要对 char 类型数据变量、浮点数精度以及是否包含多线程的情况进行具体处理，并重新编译迁移。

8.3.2　编译与迁移

当评估软件迁移可行性后，可以对软件进行编译迁移。本书主要以红帽包管理器（Red Hat Package Manager，RPM）软件包为例，介绍具体的编译迁移过程。

鲲鹏迁移流程如图 8-11 所示。

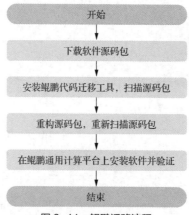

图 8-11　鲲鹏迁移流程

在进行鲲鹏软件迁移前，先介绍软件编译的基础知识。

软件系统是复杂的，在编译、使用过程中通常存在依赖关系，而众多的依赖包需要有工具进行管理，Maven 就是最主流的依赖管理开发工具之一。它是 Apache 下的一个纯 Java 开发的开源项目，基于项目对象模型，可以对 Java 项目进行构建、依赖管理。

在 Java 中，可以用 groupId、artifactId、version 组成的 Coordination（坐标）唯一标识一个依赖。pom.xml 文件中一个典型的依赖引用如图 8-12 所示，Maven 编译时会自动拼接路径和文件名，以在本地仓库或远程仓库中进行查找。

图 8-12　依赖引用

Maven 仓库可以分为本地仓库、远程仓库和中央仓库共 3 类。

（1）本地仓库：存储在本地磁盘中，默认在${user.home}/.m2 下。

（2）远程仓库：一般使用国内镜像或者企业自己搭建私服，可以加快 JAR 包的下载速度。

（3）中央仓库：Maven 团队维护的 JAR 包仓库。

Maven 仓库中部分 JAR 包依赖 x86 so 库文件，需要在华为鲲鹏上重新编译，部分 JAR 包已编译好放在华为鲲鹏 Maven 仓库内，可以直接使用。

在实际使用过程中，建议将华为鲲鹏 Maven 远程仓库放在首位，以便 Maven 优先下载华为鲲鹏通用计算平台的 JAR 包。另外，可以配置第二个 Maven 远程仓库作为备份。当华为鲲鹏 Maven 仓库搜索不到时，会自动搜索下一个 Maven 远程仓库。

同时，软件系统的数据库可以使用开源数据仓库工具 Hive 来进行管理。Hive 是基于 Hadoop 的一个数据仓库工具，可以将结构化的数据文件映射为一张数据库表，并提供简单的 SQL 查询功能，还可以将 SQL 语句转换为 MapReduce 任务进行运行。它的优点是学习成本低，可以通过类 SQL 语句快速实现简单的 MapReduce 统计，不必开发专门的 MapReduce 应用，十分适合数据仓库的统计分析。以 Hive 2.6.3 为例，其工程中多个 JAR 包依赖于多个 x86 架构的 so 库文件，而此部分华为鲲鹏适配 JAR 包已在华为鲲鹏 Maven 仓库中，编译时只需要优先搜索华为鲲鹏 Maven 仓库。

有了 Maven 和 Hive 后，就可以进行软件的编译和迁移了。常见的 Linux 发行版主要分为两类：类 Red Hat 系列和类 Debian 系列。在类 Red Hat 系列中，软件包的格式为 rpm；在类 Debian 系列中，软件包的格式为 deb。类 Red Hat 系列提供 RPM 命令来安装、卸载和升级 RPM 软件包；类 Debian 系列提供 dpkg 命令来安装、卸载、升级 deb 软件包。

RPM 软件包文件组成：RPM 软件包通常包含二进制文件、so 库文件、JAR 包、配置文件等。鲲鹏通用计算平台 RPM 软件包获取渠道主要有 5 个：操作系统本地源、操作系统远端源、华为云鲲鹏镜像、x86 RPM 重构、下载源码编译。

需要重构的 RPM 软件包可以使用鲲鹏开发套件来快速构建，具体分为以下 4 步。

（1）使用鲲鹏代码迁移工具扫描 x86 RPM 软件包，识别 x86 依赖文件。

（2）如果是 JAR 依赖文件，则可在鲲鹏 Maven 仓库中查找或者在鲲鹏上重新编译。如果是 so 库文件或其他二进制依赖文件，则可在鲲鹏上重新编译。

（3）解压 x86 RPM 软件包并将 x86 依赖文件替换成在鲲鹏 Maven 仓库中查找到的文件或在鲲鹏上重新编译的文件，重新打包。

（4）重新扫描，确认是否还有 x86 依赖文件，并进行安装验证。

8.3.3　典型迁移实践

Knox 是比较常用的工具，但是当前只有 Knox 的 RPM 软件包，若想在鲲鹏环境下安装使用，则需要使用鲲鹏开发套件进行重构，具体操作步骤如下。

（1）准备环境。具体环境要求如下（以华为云 ECS 为例）。

① CPU：鲲鹏 920。

② 操作系统：CentOS 7.6。

③ 远程 SSH 登录工具已经在本地安装。

④ 本地 yum 源已经配置。

⑤ 安装 rpmbuild。

```
#yum install rpmdevtools
#rpmdev-setuptree
```

⑥ 安装 rpmrebuild。

```
#mkdir rpmrebuild
#cd rpmrebuild
#wget https://sourceforge.net/projects/rpmrebuild/files/rpmrebuild/2.14/
rpmrebuild-2.14.tar.gz
#tar xvfz rpmrebuild-2.14.tar.gz
#make; make install
```

⑦ 安装 rpm2cpio。CentOS 7.6 自带 rpm2cpio，无须安装。

⑧ 安装鲲鹏代码迁移工具。

鲲鹏代码迁移工具可以在"鲲鹏社区 > 开发者 > 鲲鹏开发套件 > 鲲鹏代码迁移工具"中进行下载，并将安装包上传至 Linux 服务器（不同服务器需要下载不同版本，主要支持 x86 和鲲鹏两种服务器），解压后执行安装脚本进行安装（可以使用 Web 方式或者命令行方式安装，此处使用 Web 方式安装，执行命令为./install web）。安装完成后打开浏览器，在其地址栏中输入"https://部署服务器的 IP 地址:端口号"，按"Enter"键后输入用户名、密码，登录鲲鹏代码迁移工具（默认端口号为 8084）。该工具可以分析软件包、x86 上已安装的软件、源码，可以支持多厂家的 Linux 操作系统。执行分析操作后会生成分析报告，根据分析报告可以查看具体需要迁移的代码。

（2）快速重构 RPM 软件包。

① 下载 x86 RPM 软件包到 /opt/portadv/portadmin 目录下（portadmin 为登录用户名）。

```
# cd /opt/portadv/portadmin/packagerebuild/
# wget https://sandbox-experiment-resource-north-4.obs.cn-north-4.myhuaweicloud.
com/package-migration/knox_3_1_0_0_78-1.0.0.3.1.0.0-78.noarch.rpm
```

② 重构。登录鲲鹏代码迁移工具，进入"软件包重构"界面。选择下载的软件包名，单击"构建软件包"按钮。如果构建成功，则工具会弹出成功提示；如果构建失败，则根据工具提示执行操作。

图 8-13 所示为 x86 RPM 软件包重构过程。

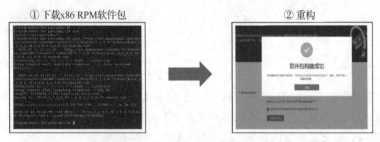

图 8-13　x86 RPM 软件包重构过程

重构完成后，可在鲲鹏通用计算平台上进行安装及使用。注意，具体操作和使用可能随版本更新具有一定差异，按照实际情况进行配置、操作。

第9章

鲲鹏通用计算平台基础管理

09

学习目标

- 了解鲲鹏通用计算平台
- 了解 TaiShan 服务器的 BIOS、RAID 及 iBMC 的设置方法
- 了解基于 Atlas 800 训练服务器的深度学习平台的安装与调试方法

鲲鹏通用计算平台主要指基于集成鲲鹏处理器的服务器，包括华为的 TaiShan、湘江鲲鹏、神州鲲泰等服务器。

本章主要介绍鲲鹏通用计算平台基础管理实践及深度学习平台安装与调试。

9.1 鲲鹏通用计算平台基础管理实践

TaiShan 服务器是华为新一代数据中心服务器，基于华为鲲鹏处理器，适合为大数据、分布式存储、原生应用、HPC 和数据库等应用高效加速，旨在满足数据中心多样性计算、绿色计算的需求。TaiShan 服务器包含计算密集型、存储密集型、均衡型、适用于 IoT 场景的边缘计算型服务器，为各类不同应用场景提供支持。

本节通过介绍配置 TaiShan 服务器的 BIOS、RAID 及 iBMC 的方法，使读者了解服务器管理配置的基础知识。

下面来简单介绍 BIOS、RAID 及 iBMC。

（1）BIOS 是在通电引导阶段运行硬件初始化，以及为操作系统提供运行时服务的固件。BIOS的作用是初始化和测试硬件组件，以及从大容量存储设备（如硬盘）中加载引导程序，并由引导程序加载操作系统；加载操作系统后，BIOS 通过系统管理模式为操作系统提供硬件抽象。服务器上电后，可以进入 BIOS 界面进行相关信息的查看及设置，例如，查看 BIOS 系统时间、固件版本、主板、CPU、内存等信息，以及设置服务器启动方式、网卡 PXE、硬盘 RAID 等。

（2）RAID 利用虚拟化存储技术把多个硬盘组合起来，形成一个或多个硬盘阵列组，目的是提升性能或资源冗余，或同时提升这两者。常见的 RAID 级别有 RAID 0、RAID 1、RAID 5、RAID 6及 RAID 10。表 9-1 对常见的不同级别 RAID 的特点进行了对比，表中，N 表示硬盘的数量。

表 9-1 常见的不同级别 RAID 的特点对比

RAID 级别	RAID 0	RAID 1	RAID 5	RAID 6	RAID 10
可靠性	最低	高	较高	最高	高
冗余类型	无	镜像冗余	校验冗余	校验冗余	镜像冗余

续表

RAID 级别	RAID 0	RAID 1	RAID 5	RAID 6	RAID 10
可用空间	100%	50%	$(N-1)/N$	$(N-2)/N$	50%
性能	最高	最低	较高	较高	高

（3）iBMC 是面向服务器全生命周期的服务器嵌入式管理系统，提供硬件状态监控、部署、节能、安全等系列管理工具，通过标准化接口构建更加完善的服务器管理生态系统。其主要功能如下：对服务器各类部件进行全面监控，实现服务器关键部件的深度故障诊断和故障预测；根据 CPU 负载、环境温度等多种输入参数，动态、实时、智能调节各部件的能耗，通过动态能耗管理技术和休眠技术，使设备节能管理更加高效；提供多种远程运维工具及能力，支持配置、升级、部署，方便运维人员随时随地接入服务器，完成配置、恢复等运维管理。

9.1.1 任务概述

某学校购入一批型号为 TaiShan 200 2280 的华为服务器。在安装操作系统之前，需要确认并完成以下工作。

（1）服务器上电，待服务器上电后开机，进入 BIOS 界面，查看 CPU、内存及硬盘信息，对服务器的基本信息进行了解。

（2）设置启动方式，因为需要使用光盘安装操作系统，而服务器的默认启动方式为硬盘启动，所以需要通过 BIOS 界面将服务器的默认启动方式由硬盘启动改为数字通用光盘（Digital Versatile Disc，DVD）启动，以便加载光盘内容，安装操作系统。

（3）设置 RAID 级别，由于此批服务器用于学校的教务管理系统，校方老师希望承载教务管理系统的服务器所使用的硬盘在主机层面上具备一定的可靠性，与学校 IT 部门沟通后，决定将所有硬盘均设置为 RAID 5。因此，这里需要将硬盘的冗余级别设置为 RAID 5。

（4）通过 BIOS 界面对其相关网络信息进行配置，如通过 BIOS 界面修改服务器的 IP 地址。

（5）登录 iBMC。

① 使用 iBMC 完成设备信息查看，包括处理器、内存、存储、操作系统版本、iBMC 版本等基础信息。

② 通过 iBMC 的电子邮件通知功能配置告警信息，以便设备出现故障后将告警信息发送给相关人员，进行进一步排查与处理。

③ 由于在安装操作系统前，已经通过 BIOS 界面将服务器的启动方式设置为 DVD 启动，操作系统完成安装后，服务器需要通过硬盘启动的方式来启动操作系统，因此这里需要使用 iBMC 将服务器启动项改回为硬盘启动。

9.1.2 BIOS 及 RAID 的查看与配置

1. 查看 BIOS 基本信息并修改系统启动方式

（1）在服务器上电开机后，需要进入 BIOS 界面。以 TaiShan 200 2280 为例，在开机时按“Delete”键或“F4”键进入 BIOS 界面，并设置 BIOS 密码，如图 9-1 所示。设置的密码需要具有一定的复杂度，密码长度必须为 8～16 位，至少包含特殊字符、大写字母、小写字母及数字这 4 种字符中的 3 种，其中必须包含特殊字符。

（2）设置并输入密码后，进入 BIOS 主界面，如图 9-2 所示。

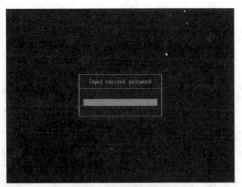

图 9-1　设置 BIOS 密码

图 9-2　BIOS 主界面

（3）在图 9-3 的最上方可以看到，BIOS 主界面中有 5 个界面，分别是 Main、Advanced、Boot、Security 和 Exit。用户可以使用键盘上的"↑""↓"键进行各项参数的选择，按"Enter"键即可进行参数设置或进入子界面。主界面最下方给出了操作提示。其中，Main 界面包含 BIOS 版本及建成时间、主板名称、CPU 个数及信息、内存容量、系统语言及时间等信息；Advanced 界面主要包含 CPU、内存、硬盘、USB、网络设备等关键常用配置选项，不同型号的服务器的配置选项和界面不尽相同，在配置时需以实际界面为准；Boot 界面主要用于查看与设置启动功能，包括启动方式、启动顺序及其他特殊启动选项；Security 界面主要用于实现安全控制，如设置和更改进入 BIOS 界面的密码等；Exit 界面主要用于退出 BIOS。

（4）在 Main 界面中，已经可以看到任务中提到的 CPU、内存相关信息。服务器硬盘的信息需要在 Advanced 界面中查看，选择"SATA Information"选项后即可进行相关信息的查看，如图 9-3 所示。

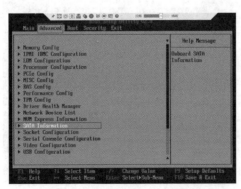

图 9-3　BIOS 的 Advanced 界面

（5）查看完 CPU、内存及硬盘等信息并确认之后，由于操作系统使用光盘安装，因此需要设置服务器启动方式为 DVD 驱动。进入 Boot 界面，选择"Boot Type Order"→"CD/DVD-ROM Driver"选项，如图 9-4 所示。

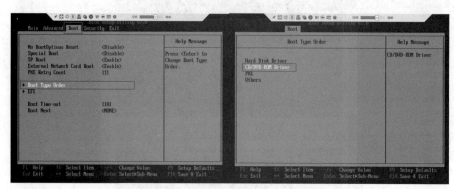

图 9-4　BIOS 的 Boot 界面

2. 配置硬盘级别

（1）进入 Advanced 界面，选择最下方的 RAID 配置工具，如图 9-5 所示。

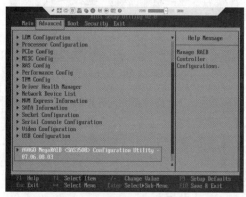

图 9-5　选择 RAID 配置工具

（2）选择"Main Menu"→"Configuration Management"→"Create Virtual Drive"选项，如图 9-6～图 9-8 所示，进入 RAID 选择配置界面。在"Select RAID Level"下拉列表中选择磁盘的级别为"RAID 5"，如图 9-9 所示。

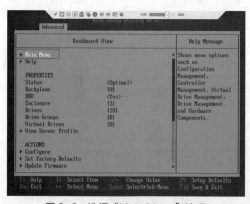

图 9-6　选择"Main Menu"选项

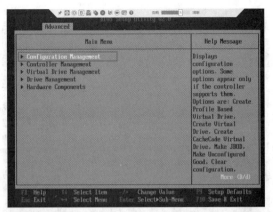

图 9-7 选择"Configuration Management"选项

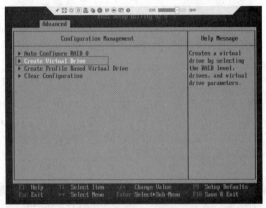

图 9-8 选择"Create Virtual Drive"选项

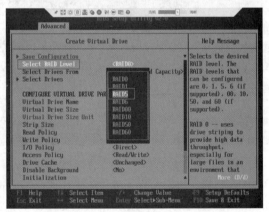

图 9-9 选择 RAID 级别

9.1.3 iBMC 的查看与配置

在使用 iBMC 之前，需要在 BIOS 中进行 iBMC 配置。在 BIOS 的 Advanced 界面中选择"IPMI iBMC Configuration"选项，进入 iBMC 配置界面，如图 9-10 所示，可以对 iBMC 登录用户及密码进行设置，同时可以对登录地址进行修改配置，设置完成后保存并退出该界面即可。

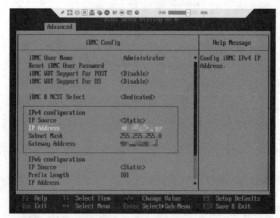

图 9-10 iBMC 配置界面

完成 iBMC 的配置后，即可使用浏览器登录 iBMC 的管理网页。前文介绍过，iBMC 具备远程控制、告警处理、状态检测及设备信息管理等多项功能。除此之外，iBMC 良好的可视化界面使运维操作更加简洁明了。

使用之前在 BIOS 中设置的用户名、密码登录 iBMC 的管理网页，如图 9-11 所示，可以在首页中看到服务器的基本信息，如主机型号、BIOS 固件版本、iBMC 的第 4 版互联网协议（Internet Protocol version 4，IPv4）地址及其他相关信息。与此同时，在该网页中可以直接看到当前服务器的告警统计信息，该功能可以协助管理员在第一时间确认服务器是否有严重告警，从而进一步定位及处理故障。

图 9-11 iBMC 的管理网页

在该网页顶部的菜单栏中，选择"维护诊断"→"告警上报"选项即可进入 iBMC 的告警上报配置页面，如图 9-12 所示。告警上报的方式可以根据用户的需求进行选择，一般情况下选择电子邮件通知方式，配置相应的简单邮件传送协议（Simple Mail Transfer Protocol，SMTP）服务器地址，并输入收件人的电子邮箱地址即可。配置完成后，一旦服务器出现告警，收件人就会收到相关告警信息，从而进行消息转发或问题处理。

通过完成 iBMC 相关任务，可以看出 iBMC 具有丰富的管控功能。此外，iBMC 支持使用超文本标记语言 5（Hyper Text Markup Language 5，HTML5）集成远程控制台提供的功能，用户可以远程连接到服务器完成远程控制、管理服务器，安装、修复操作系统，安装设备驱动程序等操作。具体操作步骤可以参考官方网站提供的 iBMC 用户指南。

图 9-12　iBMC 的告警上报配置页面

完成 iBMC 相关查看及设置后，需要通过 iBMC 的管理网页将服务器启动项设置为硬盘启动。在 iBMC 的管理网页的菜单栏中，选择"系统管理"选项，在左侧导航栏中选择"BIOS 配置"选项，右侧会显示"启动项设置"相关信息。在"引导介质"下拉列表中选择"硬盘"选项，并单击"保存"按钮，如图 9-13 所示。

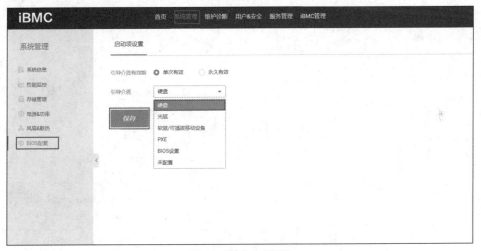

图 9-13　启动项设置

9.2　深度学习平台安装与调试

在 AI、视频分析、深度学习等场景下，推荐使用 Atlas 800 训练服务器。Atlas 800 训练服务器是基于昇腾 910 处理器的 AI 训练服务器，具有高计算密度、高能效比、高网络带宽、易扩展、易管理等优点，广泛应用于深度学习模型开发和 AI 训练服务场景。该服务器面向公有云、互联网、运营商、政府、交通、金融、高校、电力等领域，支持单机和整机柜销售，支持风冷和液冷应用，满足企业机房部署和大规模数据中心集群部署。本节将通过实践任务的方式介绍基于 Atlas 800 训练服务器的深度学习平台的安装与调试。

9.2.1　任务概述

某高校购买了一套 Atlas 800（9000）服务器（注意：9000 为该服务器的型号）。该服务器硬件配置如下。

- CPU：鲲鹏 920（48Core@2.6GHz）处理器×4。
- 内存：DDR4 RDIMM 内存-32GB-2933×16。
- 硬盘：480GB-SATA SSD 硬盘×2、1.92TB NVMe SSD 硬盘×1。
- 网口：4×10GE 光口-SFP28+4×GE。
- 昇腾计算卡：Atlas Ascend 910B 32GB（220T FLOPS）×8。

学校老师希望完成该服务器的环境搭建后，用于 AI 相关的科研，并作为 AI 专业学生的实验环境。服务器上架后，已经完成了 BIOS 配置并安装了 Ubuntu 18.04 操作系统。接下来需要完成以下任务。

（1）对深度学习平台进行基本配置，完成相关驱动及固件安装。

（2）搭建深度学习平台的开发及运行环境。

9.2.2　深度学习平台基本配置

1．系统环境准备

在安装驱动与固件之前，要先更新/etc/apt/sources.list 文件，再安装 dkms 包及其相关依赖包。使用 root 用户身份进行以下操作。

```
vi /etc/apt/sources.list
#加入以下内容
deb http://mirrors.huaweicloud.com/ubuntu-ports/ bionic main restricted universe multiverse
deb http://mirrors.huaweicloud.com/ubuntu-ports/ bionic-security main restricted universe multiverse
deb http://mirrors.huaweicloud.com/ubuntu-ports/ bionic-updates main restricted universe multiverse
deb http://mirrors.huaweicloud.com/ubuntu-ports/ bionic-proposed main restricted universe multiverse
deb http://mirrors.huaweicloud.com/ubuntu-ports/ bionic-backports main restricted universe multiverse
deb-src http://mirrors.huaweicloud.com/ubuntu-ports/ bionic main restricted universe multiverse
deb-src http://mirrors.huaweicloud.com/ubuntu-ports/ bionic-security main restricted universe multiverse
deb-src http://mirrors.huaweicloud.com/ubuntu-ports/ bionic-updates main restricted universe multiverse
deb-src http://mirrors.huaweicloud.com/ubuntu-ports/ bionic-proposed main restricted universe multiverse
deb-src http://mirrors.huaweicloud.com/ubuntu-ports/ bionic-backports main
```

```
restricted universe multiverse

    #执行以下命令安装 dkms 包及其相关依赖包
    apt-get install dkms
```

2. 驱动及固件安装

驱动是计算机硬件与软件的交互程序，计算机程序请求与某台硬件设备交互时，驱动程序充当硬件设备与使用它的程序之间的指令转换器。固件是一种嵌入硬件设备的软件，它位于软件和硬件之间，承担着一个系统最基础、最底层的工作，可以通过固件直接控制硬件。驱动与固件的区别在于驱动服务于软件，而固件服务于硬件。

首先，进行系统环境检查，使用 lsmod|grep drv 命令查询是否安装了驱动和固件软件包。若为首次安装，则可以跳过此步骤。若无内容，则表示未安装过软件包，可以直接升级系统内核版本；若有内容，则表示安装过软件包，需要先卸载软件包，再升级系统内核版本。

其次，使用 root 用户身份登录运行环境，将*.run 软件包（驱动及固件）上传至运行环境任意路径下，如/opt 下。使用 chmod +x *.run 命令增加安装用户对软件包的可执行权限。接下来检查软件包文件的一致性和完整性，如图 9-14 所示。很多软件安装前需要进行软件包的完整性检查，常见的有消息摘要算法 5（Message-Digest Algorithm 5，MD5）、pkgchk 等，一方面可以用来验证文件传输的完整性，另一方面可以确认软件包通过网络传输后是否被篡改。

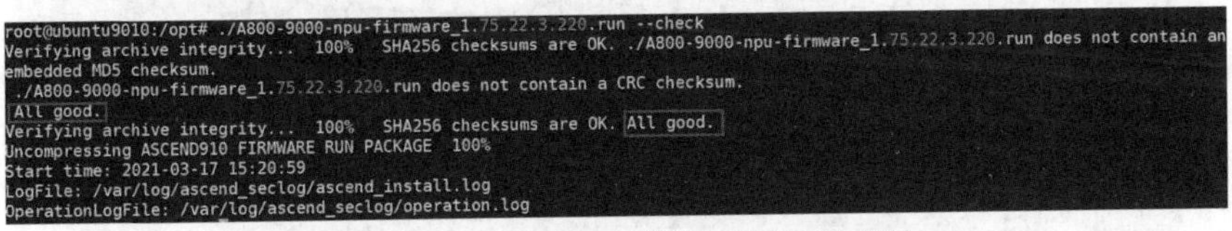

```
root@ubuntu9010:/opt# ./A800-9000-npu-firmware_1.75.22.3.220.run --check
Verifying archive integrity...  100%   SHA256 checksums are OK. ./A800-9000-npu-firmware_1.75.22.3.220.run does not contain an
embedded MD5 checksum.
 ./A800-9000-npu-firmware_1.75.22.3.220.run does not contain a CRC checksum.
 All good.
Verifying archive integrity...  100%   SHA256 checksums are OK. All good.
Uncompressing ASCEND910 FIRMWARE RUN PACKAGE  100%
Start time: 2021-03-17 15:20:59
LogFile: /var/log/ascend_seclog/ascend_install.log
OperationLogFile: /var/log/ascend_seclog/operation.log
```

图 9-14　检查软件包文件的一致性和完整性

使用带--check 选项的命令对驱动以及固件进行检查后，即可进行软件安装。首先需要安装驱动，命令如下所示。驱动安装无报错后，进行固件安装。在安装固件时要注意版本号与驱动版本号应保持一致。使用 root 用户身份进行操作，结果如图 9-15 和图 9-16 所示。

```
#安装驱动命令
./A800-9000-npu-driver_20.1.0.spc200_ubuntu18.04-aarch64.run --full
#安装固件命令
./A800-9000-npu-firmware_1.75.22.3.220.run --full
```

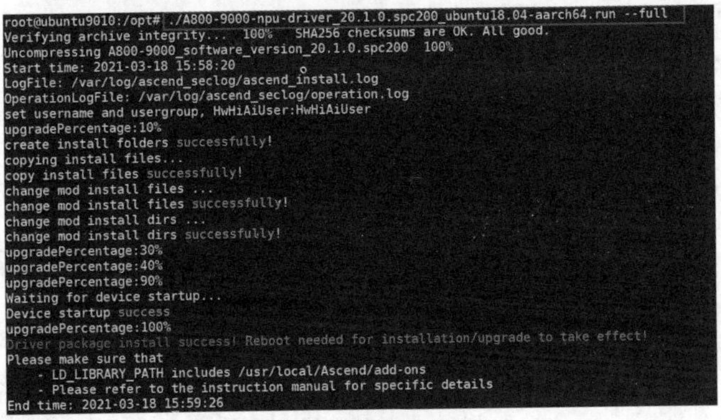

```
root@ubuntu9010:/opt# ./A800-9000-npu-driver_20.1.0.spc200_ubuntu18.04-aarch64.run --full
Verifying archive integrity...  100%   SHA256 checksums are OK. All good.
Uncompressing A800-9000_software_version_20.1.0.spc200  100%
Start time: 2021-03-18 15:58:20
LogFile: /var/log/ascend_seclog/ascend_install.log
OperationLogFile: /var/log/ascend_seclog/operation.log
set username and usergroup, HwHiAiUser:HwHiAiUser
upgradePercentage:10%
create install folders successfully!
copying install files...
copy install files successfully!
change mod install files ...
change mod install files successfully!
change mod install dirs ...
change mod install dirs successfully!
upgradePercentage:30%
upgradePercentage:40%
upgradePercentage:90%
Waiting for device startup...
Device startup success
upgradePercentage:100%
Driver package install success! Reboot needed for installation/upgrade to take effect!
Please make sure that
    - LD_LIBRARY_PATH includes /usr/local/Ascend/add-ons
    - Please refer to the instruction manual for specific details
End time: 2021-03-18 15:59:26
```

图 9-15　安装驱动结果

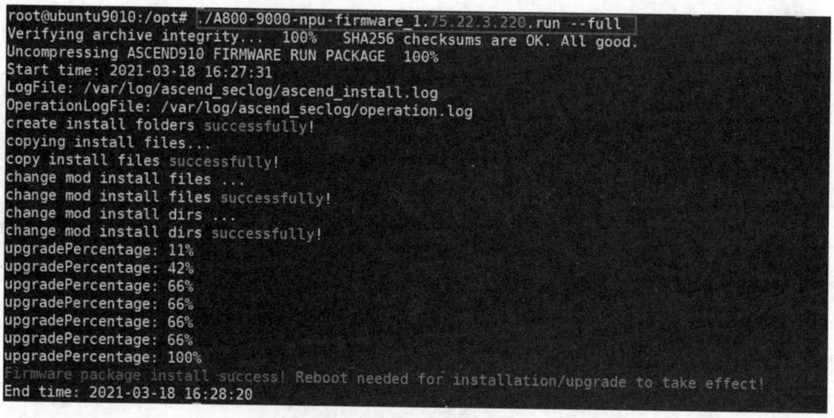

图 9-16　安装固件结果

完成驱动及固件安装后，按照提示信息，使用 reboot 命令进行操作系统重启操作。待重启完成之后，需要使用 npu-smi info 命令查看驱动及固件安装是否成功。若出现图 9-17 所示的类似信息，则说明安装成功；否则安装失败。至此，驱动和固件安装完成。

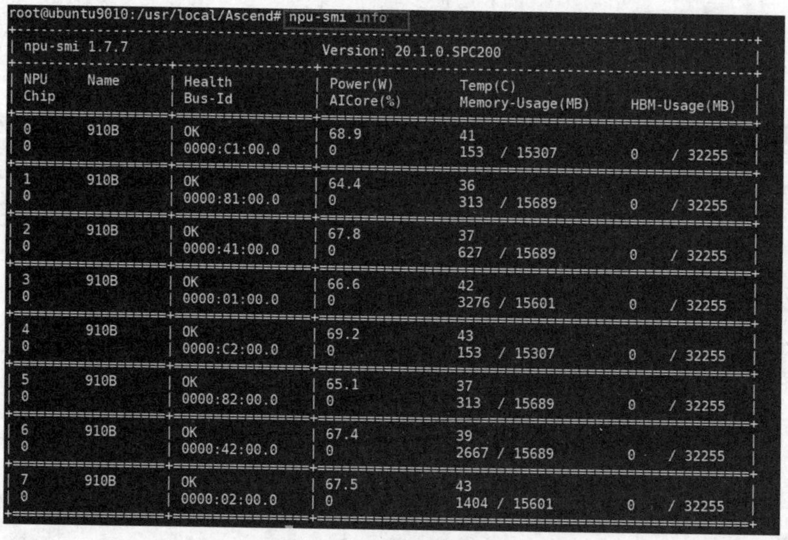

图 9-17　屏幕回显信息

9.2.3　搭建深度学习平台的开发及运行环境

完成驱动和固件安装后，进行开发及运行环境的搭建。此处需要特别说明的是，Atlas 800（9000）服务器的运行环境完全包含在开发环境中，因此，本节只介绍开发环境的安装。开发环境的安装思路与驱动类似。首先，需要对环境进行配置，并完成软件依赖包的安装；其次，进行软件安装；最后，完成验证以确保软件安装成功。在安装驱动时已经配置了 apt 数据源，可直接执行依赖包安装。使用 root 用户身份进行以下操作。

```
apt-get install -y gcc g++ make cmake zlib1g zlib1g-dev libbz2-dev openssl
libsqlite3-dev libssl-dev libxslt1-dev libffi-dev unzip pciutils net-tools
libblas-dev gfortran libblas3 libopenblas-dev
```

Ubuntu 18.04 自带的 Python 版本过低，需要升级到 Python 3.7.5 及以上版本。升级完成后，可进行 Python 和 pip 版本确认，如图 9-18 所示。

```
root@ubuntu9010:~# python3.7.5 --version
Python 3.7.5
root@ubuntu9010:~# pip3.7.5  --version
pip 19.2.3 from /usr/local/python3.7.5/lib/python3.7/site-packages/pip (python 3.7)
root@ubuntu9010:~#
```

图 9-18　进行 Python 和 pip 版本确认

确认 Python 及 pip 工具升级版本后，需要使用 pip 命令进行开发环境软件的依赖包的安装。安装前先使用 pip3.7.5 list 命令检查是否安装了相关依赖。若已经安装，则跳过该步骤；若未安装，则进行安装，命令如下（如果只有部分软件未安装，则将如下命令修改为只安装尚未安装的软件即可）。使用 root 用户身份进行以下操作。

```
pip3.7.5 install numpy
pip3.7.5 install decorator
pip3.7.5 install sympy==1.4
pip3.7.5 install cffi==1.12.3
pip3.7.5 install pyyaml
pip3.7.5 install pathlib2
pip3.7.5 install psutil
pip3.7.5 install protobuf
pip3.7.5 install scipy
pip3.7.5 install requests
```

同样地，与安装驱动和固件类似，开发环境软件的依赖包安装完毕后，可以使用带 --check 选项的命令对该依赖包进行一致性与完整性验证。确保依赖包的正确性后进行开发环境软件的安装，使用 root 用户身份进行操作。开发环境安装命令及安装过程如图 9-19 所示。

```
#开发环境安装命令
./Ascend-cann-toolkit_20.1.spc200_linux-aarch64.run --install
#框架插件包安装命令
./Ascend-cann-tfplugin_20.1.spc200_linux-aarch64.run --install
```

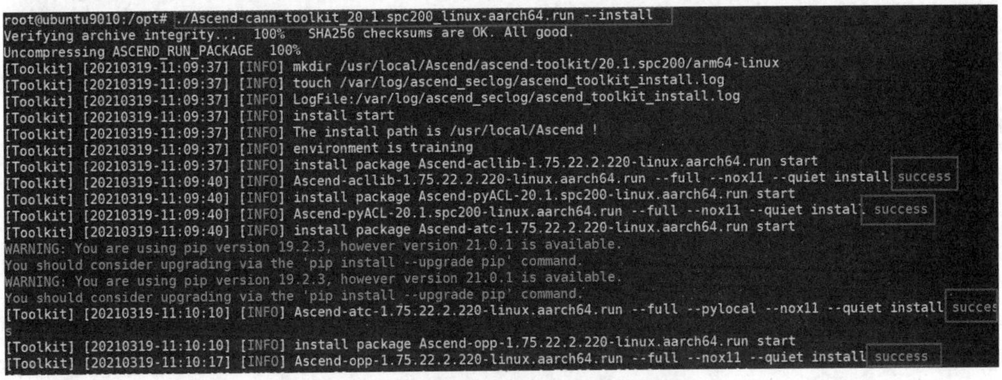

```
root@ubuntu9010:/opt# ./Ascend-cann-toolkit_20.1.spc200_linux-aarch64.run --install
Verifying archive integrity...  100%   SHA256 checksums are OK. All good.
Uncompressing ASCEND_RUN_PACKAGE  100%
[Toolkit] [20210319-11:09:37] [INFO] mkdir /usr/local/Ascend/ascend-toolkit/20.1.spc200/arm64-linux
[Toolkit] [20210319-11:09:37] [INFO] touch /var/log/ascend_seclog/ascend_toolkit_install.log
[Toolkit] [20210319-11:09:37] [INFO] LogFile:/var/log/ascend_seclog/ascend_toolkit_install.log
[Toolkit] [20210319-11:09:37] [INFO] install start
[Toolkit] [20210319-11:09:37] [INFO] The install path is /usr/local/Ascend !
[Toolkit] [20210319-11:09:37] [INFO] environment is training
[Toolkit] [20210319-11:09:37] [INFO] install package Ascend-acllib-1.75.22.2.220-linux.aarch64.run start
[Toolkit] [20210319-11:09:40] [INFO] Ascend-acllib-1.75.22.2.220-linux.aarch64.run --full --nox11 --quiet install success
[Toolkit] [20210319-11:09:40] [INFO] install package Ascend-pyACL-20.1.spc200-linux.aarch64.run start
[Toolkit] [20210319-11:09:40] [INFO] Ascend-pyACL-20.1.spc200-linux.aarch64.run --full --nox11 --quiet install success
[Toolkit] [20210319-11:09:40] [INFO] install package Ascend-atc-1.75.22.2.220-linux.aarch64.run start
WARNING: You are using pip version 19.2.3, however version 21.0.1 is available.
You should consider upgrading via the 'pip install --upgrade pip' command.
WARNING: You are using pip version 19.2.3, however version 21.0.1 is available.
You should consider upgrading via the 'pip install --upgrade pip' command.
[Toolkit] [20210319-11:10:10] [INFO] Ascend-atc-1.75.22.2.220-linux.aarch64.run --full --pylocal --nox11 --quiet install succes
[Toolkit] [20210319-11:10:10] [INFO] install package Ascend-opp-1.75.22.2.220-linux.aarch64.run start
[Toolkit] [20210319-11:10:17] [INFO] Ascend-opp-1.75.22.2.220-linux.aarch64.run --full --nox11 --quiet install success
```

图 9-19　开发环境安装命令及安装过程

接下来安装深度学习框架 TensorFlow，安装命令如图 9-20 所示。

```
pip3.7 install tensorflow-1.15.0-cp37-cp37m-linux_aarch64.whl
```

```
root@ubuntu9010:/opt# pip3.7 install tensorflow-1.15.0-cp37-cp37m-linux_aarch64.whl
Looking in indexes: https://mirrors.huaweicloud.com/repository/pypi/simple
Processing ./tensorflow-1.15.0-cp37-cp37m-linux_aarch64.whl
Requirement already satisfied: numpy<2.0,>=1.16.0 in /usr/local/python3.7.5/lib/python3.7/site-packages (from tensorflow==1.15.
0) (1.20.1)
Collecting wrapt>=1.11.1 (from tensorflow==1.15.0)
  Downloading https://mirrors.huaweicloud.com/repository/pypi/packages/82/f7/e43cefbe88c5fd371f4cf0cf5eb3feccd07515af9fd6cf7dbf
1d1793a797/wrapt-1.12.1.tar.gz
Requirement already satisfied: grpcio>=1.8.6 in /usr/local/python3.7.5/lib/python3.7/site-packages (from tensorflow==1.15.0) (1
.32.0)
Collecting termcolor>=1.1.0 (from tensorflow==1.15.0)
  Downloading https://mirrors.huaweicloud.com/repository/pypi/packages/8a/48/a76be51647d0eb9f10e2a4511bf3ffb8cc1e6b14e9e4fab461
73aa79f981/termcolor-1.1.0.tar.gz
```

图 9-20　安装深度学习框架 TensorFlow

最后，对软件及框架的安装进行验证，查看 TensorFlow 的版本号，若能正确显示，则表示安装成功，如图 9-21 所示。

```
root@ubuntu9010:~# python3.7.5
Python 3.7.5 (default, Mar 18 2021, 21:35:27)
[GCC 7.5.0] on linux
Type "help", "copyright", "credits" or "license" for more information.
>>>
>>> import tensorflow as tf
>>> tf.__version__
'1.15.0'
>>>
```

图 9-21　查看 TensorFlow 的版本号

至此，通过两个任务，读者应该对深度学习平台的基本配置及相关软件的安装有了初步认识和了解，可以根据需求完成其他不同型号、不同版本的平台及软件安装，同时可以参照官方文档及手册对其进行深入了解。

第10章
openEuler操作系统及
虚拟化应用实践

10

学习目标

- 掌握 openEuler 操作系统的安装与部署方法
- 掌握 openEuler 操作系统的基本操作方法
- 掌握 KVM 虚拟化的安装与基础配置方法
- 掌握虚拟机的创建与管理方法

通过前面的学习，读者应该已经对 openEuler 操作系统有了一定的了解。

本章将介绍如何在实际环境中部署和使用 openEuler 操作系统。首先，本章将介绍如何安装、部署 openEuler 操作系统，以及如何对安装好的操作系统进行配置和应用操作；其次，本章将基于鲲鹏通用计算平台进行虚拟化技术的实际应用，即进行虚拟化的安装、配置，并对虚拟机进行创建与管理操作。

10.1 基于鲲鹏通用计算平台的 openEuler 操作系统实践

10.1.1 任务概述

通过前面的学习，读者应该对操作系统的具体工作有了一定的了解。在部署 Web 应用系统时，需要更多的服务器提供冗余支撑，以保证在其中一台或者几台服务器出现故障时，Web 应用依然能够对外提供服务，保证业务的连续性；但是如果一台物理服务器仅部署一套 Web 应用系统，服务器资源的利用率就会较低。为了提高服务器资源的利用率，可以将物理服务器作为虚拟机的宿主机，通过宿主机的部署后，在宿主机上分配对应的虚拟机，并使用虚拟机进行 Web 应用系统部署。

本次 openEuler 操作系统实践需要完成以下两个任务。

- openEuler 操作系统的安装与部署。
- openEuler 操作系统基本操作实践。

10.1.2　openEuler 操作系统安装与部署

openEuler 的 ARM 版本需要安装在 TaiShan 服务器上，读者学习起来相对不方便，因此本节使用 VirtualBox 软件安装、部署 openEuler x86_64 操作系统，其安装流程与物理服务器上的安装流程并无太大差异。openEuler 操作系统的安装流程如下。

（1）在计算机上下载并安装 VirtualBox 软件。在 VirtualBox 官方网站下载页面中选择与计算机操作系统匹配的版本（本书采用 VirtualBox 6.1），完成对 VirtualBox 软件的安装工作。

（2）启动 VirtualBox 软件，在"新建虚拟电脑"对话框中，设置名称为"openEuler"、文件夹为"E:\VM\openEuler01"、类型为"Linux"、版本为"Other Linux（64-bit）"，单击"下一步"按钮，如图 10-1 所示。

（3）完成设置后，需要配置分配给虚拟机的内存大小，这里分配 2048MB（2GB）的内存给虚拟机，如图 10-2 所示。如果计算机内存容量较小，则可以将分配给虚拟机的内存大小设置为 512MB。单击"下一步"按钮，弹出图 10-3 所示的添加虚拟硬盘提示对话框。

图 10-1　设置虚拟机名称及类型等参数

图 10-2　配置虚拟机内存

（4）选中"现在创建虚拟磁盘"单选按钮，单击"创建"按钮，在弹出的"创建虚拟硬盘"对话框中，可以保持默认配置，也可以根据计算机的实际情况配置硬盘文件位置和大小。本实践将虚拟硬盘文件存放在"E:\VM\openEuler01\openEuler.vdi"中，为虚拟机分配 20.00GB 的硬盘，单击"创建"按钮，如图 10-4 所示。

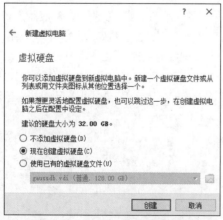

图 10-3　添加虚拟硬盘提示对话框

图 10-4　创建虚拟硬盘

（5）创建完成后，VirtualBox 软件会自动进入刚才创建的 openEuler01 虚拟机的管理界面。单击"设置"按钮，进入 openEuler01 虚拟机的设置界面，如图 10-5 所示。

图 10-5　虚拟机的设置界面

（6）对虚拟机的网络进行设置，在"网络"选项卡中，将"网卡 1"的"连接方式"设置为"桥接网卡"，将"界面名称"设置为当前计算机可上网的网卡名称，如图 10-6 所示。

图 10-6　网络设置

（7）进行光盘挂载操作，通过镜像文件来安装系统。在"存储"选项卡中，先在"存储介质"选项组中单击光盘图标，再单击"分配光驱"右侧的光盘图标，在弹出的下拉列表中选择"选择或创建一个虚拟光盘文件"选项，如图 10-7 所示。

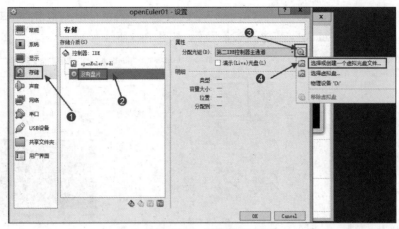

图 10-7　存储设置

（8）在弹出的虚拟光盘选择对话框中单击"注册"按钮。在弹出的"请选择一个虚拟光盘文件"对话框中添加已下载好的 openEuler-20.03-LTS-x86_64-dvd.iso 光盘镜像文件，单击"打开"按钮，如图 10-8 所示。

图 10-8　添加光盘镜像文件

（9）"在 openEuler01-虚拟光盘选择"对话框中选择刚刚添加的 openEuler 光盘镜像文件，单击"选择"按钮，如图 10-9 所示。

图 10-9　选择光盘镜像文件

（10）在 openEuler01 虚拟机的"存储"选项卡中单击"OK"按钮，完成光盘的挂载，如图 10-10 所示。

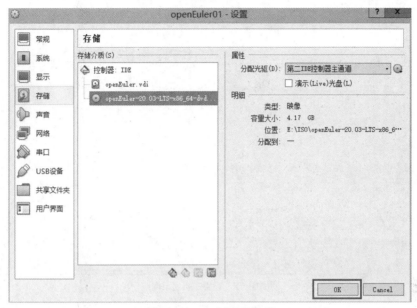

图 10-10　完成光盘的挂载

（11）完成安装前的准备工作后，就可以开始安装了。单击虚拟机的"启动"按钮，启动 openEuler01 虚拟机，此时系统会进入虚拟机控制界面。通过键盘上的"↑""↓"键，选择"Install openEuler 20.03-LTS"选项，如图 10-11 所示，按"Enter"键，开始安装 openEuler。

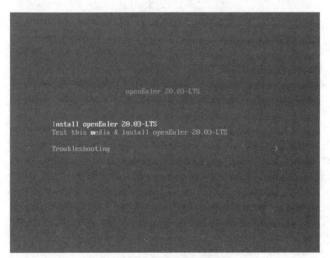

图 10-11　安装 openEuler

（12）在安装操作系统时，需要设置主机名和网络。如图 10-12 所示，修改主机名为"openEuler"，单击"Apply"按钮；开启该界面右上角的网络开关（注意：网卡需要在 VirtualBox openEuler01 虚拟机的网络设置处设置为桥接模式，以桥接到计算机可上网的网卡，如无线网卡，这一步在虚拟机配置时已设置完毕）。

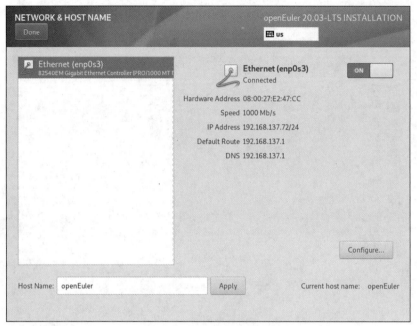

图 10-12 设置主机名及网络

（13）对服务器的时间进行设置，单击"Time & Date"按钮。确认当前时区对应城市是"Shanghai"，Network Time 处于关闭状态，单击"Done"按钮。完成了以上配置后，单击"Begin Installation"按钮，即可开始安装操作系统。在安装操作系统过程中，需要设置 root 用户密码（也就是超级用户密码），单击"Root Password"按钮，如图 10-13 所示，此处密码需要设置成高复杂度密码（包含大小写字母、数字及特殊字符中的 3 种及以上），设置完成后单击"Done"按钮；也可以创建普通用户，单击"User Creation"按钮，并设置用户名和密码（密码不能和用户名相同且密码同样具有复杂度要求），单击"Done"按钮即可完成创建。

图 10-13 设置 root 用户密码

（14）等待系统安装完成后，单击"Reboot"按钮，重启系统。同时，关闭虚拟机，选择关闭方式为"强制退出"，如图 10-14 所示。

图 10-14　强制退出

（15）重新设置虚拟机从硬盘启动，在"系统"选项卡的"主板"子选项卡中，将"启动顺序"调整为优先从硬盘启动，如图 10-15 所示。

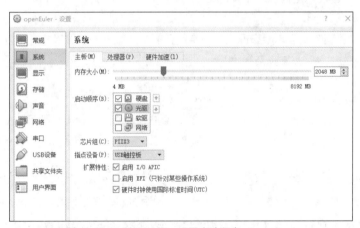

图 10-15　设置启动顺序

（16）等待系统重启后，使用 root 用户身份登录系统，以测试是否安装成功。在输入密码时，系统不会有任何反馈，保证正确输入密码即可，如图 10-16 所示。

图 10-16　登录系统

10.1.3　openEuler 操作系统基本操作实践

使用 systemctl 命令进行 openEuler 操作系统基本操作（具体命令可以参考 https://docs.openeuler.org/zh/中的相关文档），完成以下任务。

（1）完成系统的重启、关闭。

（2）查看 Nginx 软件状态，如果未启动，则将该软件启动，并将其设置为随操作系统启动而启动，掌握 systemctl 命令的用法。

（3）修改操作系统的主机名，并修改操作系统的时区，掌握 timedatectl 等相关命令的用法。

（4）创建用户 webapp[1-3]，并掌握 useradd、usermod、userdel、groupadd、groupmod 等命令的用法。

（5）完成对文件属组的修改，掌握 chown、chmod 命令的用法。

（6）掌握操作系统命令的用法，如 ls、pwd、cd、mkdir 等。

系统重启命令如下。

```
1    [root@openEuler01 ~]# systemctl reboot
```

如果需要关闭系统、切断电源，则可使用以下命令。

```
2    [root@openEuler01 ~]# systemctl poweroff
```

为进行管理员密码修改（单用户模式）等操作，需令系统进入救援模式，可以使用以下命令。

```
3    [root@openEuler01 ~]# systemctl rescue
```

使用 systemctl-analyze 命令查看系统启动耗时，命令如下。

```
4    [root@openEuler01 ~]# systemctl-analyze
```

同样，可以使用 systemctl 命令管理系统服务，若需要查看服务状态，则可以使用以下命令（以 Nginx 服务为例。此处已安装了 Nginx，如果没有安装过该服务，则会显示 Unit nginx.service could not be found.）。

```
5    [root@openEuler01 ~]# systemctl status nginx
```

命令执行结果中"Active"显示为"inactive"，说明 Nginx 尚未启动，如图 10-17 所示。

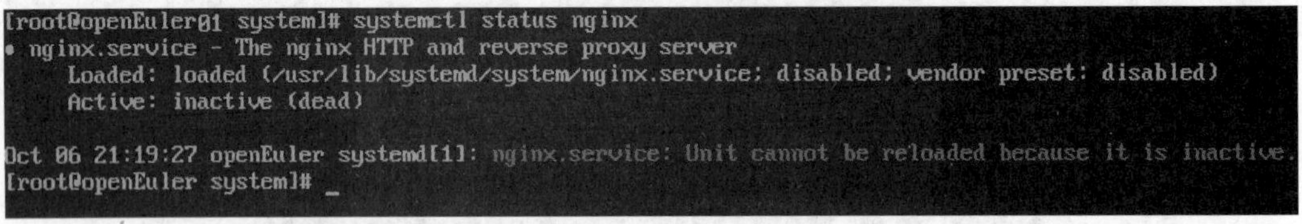

```
[root@openEuler01 system]# systemctl status nginx
• nginx.service - The nginx HTTP and reverse proxy server
   Loaded: loaded (/usr/lib/systemd/system/nginx.service; disabled; vendor preset: disabled)
   Active: inactive (dead)

Oct 06 21:19:27 openEuler systemd[1]: nginx.service: Unit cannot be reloaded because it is inactive.
[root@openEuler system]# _
```

图 10-17　Nginx 尚未启动

此时，若需要启动服务，则可以使用以下命令。

```
6    [root@openEuler01 ~]# systemctl start nginx
```

再次查看服务是否启动，命令如下。

```
7    [root@openEuler01 ~]# systemctl is-active nginx
```

命令执行结果中"Active"显示为"active"，表示 Nginx 服务正在运行。

如果需要停止服务，则可以使用 systemctl stop 命令，命令如下。

```
8    [root@openEuler01 ~]# systemctl stop nginx
```

当需要重启服务时，可以使用 systemctl restart 命令，命令如下。

```
9    [root@openEuler01 ~]# systemctl restart nginx
```

当安装的服务需要加入开机启动时，可以使用以下命令。

```
10   [root@openEuler01 ~]# systemctl enable nginx
```

若返回如下信息，则表示开机启动设置成功。

```
11   Crated symlink /etc/systemd/system/multi-user.target.wants/nginx.service
-> /usr/lib/systemd/system/nginx.service
```

对安装的服务进行检查，命令如下。

```
12   [root@openEuler01 ~]# systemctl list-unit-files | grep nginx
```

命令执行结果中状态为 enabled，表示该服务已加入开机启动。

```
13   nginx.service    enabled    disabled
```

修改配置文件后需要重新加载时，可使用以下命令。

```
14   [root@openEuler01 ~]# systemctl reload nginx
```

当需要查询一个服务的所有依赖关系时，可以使用以下命令。

```
15   [root@openEuler01 ~]# systemctl list-dependencies nginx
```

命令执行结果如图 10-18 所示。

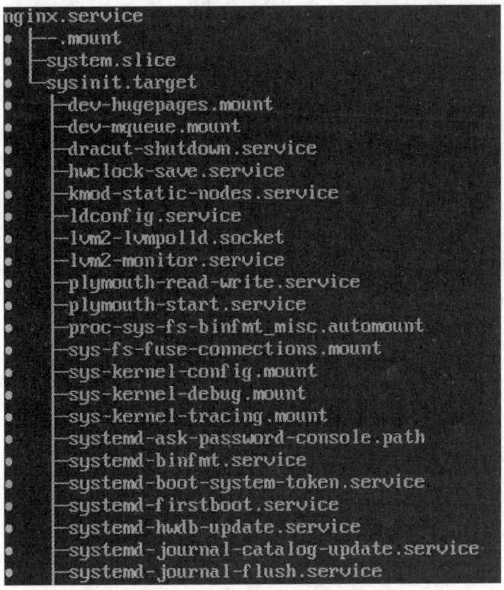

图 10-18　命令执行结果

　　以上为使用 systemctl 命令的相关操作，在维护 Linux 中的服务时，会经常使用到这些命令，通过以上练习，可以加深读者对这些命令的理解。

　　在当前操作系统下，如果需要查看主机信息，则可以使用 hostnamectl 命令。

```
16   [root@openEuler01 ~]# hostnamectl
```

如果需要设置主机名，如将 openEuler01 修改为 openEuler，则可以执行以下命令。

```
17   [root@openEuler01 ~]# hostnamectl set-hostname openEuler
```

　　在安装操作系统时，会设置对应的时区，在安装完成后，也能对操作系统的时区进行修改，可以使用 timedatectl 命令查看当前时区设置，命令如下。

```
18   [root@openEuler01 ~]# timedatectl
```

使用 set-timezone 命令可以设置时区/日期/时间，如设置时区为亚洲/上海的时区；同时，使用 set-time 命令可以设置具体的时间和日期，命令如下。

```
19  [root@openEuler01 ~]# timedatectl set-timezone Asia/Shanghai
20  [root@openEuler01 ~]# timedatectl set-time YYYY-MM-DD
21  [root@openEuler01 ~]# timedatectl set-time HH:MM:SS
```

登录操作系统后，可以使用 who 命令显示目前登录系统的用户信息。下述例子中，可以看到当前登录系统的是 root 用户。

```
22  [root@localhost ~]# who
23  root    tty1        2020-07-08 11:23
24  root    pts/0       2020-07-08 14:06 (172.19.130.137)
```

使用 id 命令可以显示用户 ID，以及所属群组的 ID。如果需要查看 root 用户的 UID、GID 及对应的属组等信息，则可以执行以下命令。

```
25  [root@localhost ~]# id
26  uid=0(root) gid=0(root) groups=0(root) context=unconfined_u:unconfined_r:
unconfined_t:s0-s0:c0.c1023
```

使用 useradd 命令可以创建用户。下面尝试以 root 用户身份登录系统，创建用户 webapp1、webapp2、webapp3 且在创建 webapp3 用户时指定其 UID 为 1024。

```
27  [root@localhost ~]# useradd webapp1
28  [root@localhost ~]# useradd -d /home/myd webapp2
    #为新建的用户指定 home 目录
29  Creating mailbox file: File exists
30  [root@localhost ~]# useradd -u 1024 webapp3
31  [root@localhost ~]# tail -3 /etc/passwd
32  webapp1:x:1001:1001::/home/webapp1:/bin/bash
33  webapp2:x:1002:1002::/home/webapp2:/bin/bash
34  webapp3:x:1024:1024::/home/webapp3:/bin/bash
35  [root@localhost ~]# useradd -d /usr/local/apache -g apache -s /bin/false
webapp4
```

36 #添加一个不能登录的用户：添加名为 webapp4 的用户，登录目录为/usr/local/apache，用户 #组为 apache，指定 Shell 为/bin/false。注：将用户 Shell 设置为 /usr/sbin/nologin 或者 #/bin/false 时，表示拒绝系统用户登录

使用 usermod 命令可以对用户的属性进行修改。下面将用户 webapp1 的用户名改为 app1，同时将其 home 目录改为/home/app1。

```
37  [root@localhost ~]# usermod -l app1 webapp1
38  [root@localhost ~]# cp -r /home/webapp1/ /home/app1/
39  [root@localhost ~]# cd /home/app1/
40  [root@localhost app1]# cd ~
41  [root@localhost ~]# usermod -d /home/app1/ app1
42  [root@localhost ~]# tail -3 /etc/passwd
43  webapp2:x:1002:1002::/home/webapp2:/bin/bash
```

```
44  webapp3:x:1024:1024::/home/webapp3:/bin/bash
45  app1:x:1001:1001::/home/app1/:/bin/bash
```

修改属组时，可以使用 groupmod 命令，如修改原 webapp1 用户的私有组名 webapp1 为 app1。

```
46  [root@localhost ~]# groupmod -n app1 webapp1
47  [root@localhost ~]# tail -1 /etc/group
48  app1:x:1001:
```

删除用户时，可以使用 userdel 命令，如将用户 webapp2 及其 home 目录一并删除。

```
49  [root@localhost ~]# userdel -r webapp2
50  [root@localhost ~]# tail -2 /etc/passwd
51  webapp3:x:1024:1024::/home/webapp3:/bin/bash
52  app1:x:1001:1001::/home/app1/:/bin/bash
```

删除完成后，可以发现 home 目录中已经没有了 webapp2 目录。

```
53  [root@localhost ~]# ls /home/
54  webapp3 openeuler webapp1 app1
```

下面尝试使用 su 命令进行用户切换，在终端上从当前 root 用户切换到 webapp3 用户。

```
55  [root@localhost ~]# su webapp3
56  [webapp3@localhost root]$ pwd
57  /root
58  [webapp3@localhost root]$ exit
59  exit
60  [root@localhost ~]# su - webapp3
61  [webapp3@localhost ~]$ pwd
62  /home/webapp3
63  [webapp3@localhost ~]$ exit
```

创建新用户组时可以使用 groupadd 命令，添加用户到组中或删除用户组中的用户时可以使用 gpasswd 命令，如创建 hatest 组且将用户 app1、webapp3 添加到 hatest 组中的命令如下。

```
64  [root@localhost ~]# groupadd hatest
65  [root@localhost ~]# gpasswd -M app1,webapp3 hatest
66  [root@localhost ~]# tail -1 /etc/group    #查看用户组是否创建成功
67  hatest:x:1025:app1,webapp3
```

使用 groupdel 命令可以删除用户组，使用 groupmod 命令可以修改用户组，如删除 group1 组和修改 group2 组的 GID 的命令如下。

```
68  [root@localhost ~]# groupadd group1
69  [root@localhost ~]# groupadd -g 101 group2
70  [root@localhost ~]# groupdel group1          #删除 group1 组
71  [root@localhost ~]# groupmod -g 102 group2   #修改 group2 组的 GID
72  [root@localhost ~]# cat /etc/group           #查看用户组
73  root:x:0:
74  bin:x:1:
75  daemon:x:2:
```

在 Linux 中，用户和属组相关的信息存放在/etc/passwd 中，使用以下命令可以查看用户账号信息文件/etc/passwd。

```
76  [root@localhost ~]# cat /etc/passwd
77  root:x:0:0:root:/root:/bin/bash
78  bin:x:1:1:bin:/bin:/sbin/nologin
79  daemon:x:2:2:daemon:/sbin:/sbin/nologin
80  …
```

在 Linux 中，用户密码存放在/etc/shadow 中，使用以下命令可以查看用户账号信息加密文件/etc/shadow。

```
81  [root@localhost ~]# cat /etc/shadow
82  root:$6$4KT4vnGt0.9B/FQS$lcrlSwJmvkyFjrhPrg0Ctg.b2FbTdQx4XWqTBiuRzUN7
EoRCgDkkepeLq3KXdescuFnHNCf.zPVt6L4..N7Mw.:18451:0:99999:7:::
83  bin:*:18344:0:99999:7:::
84  …
```

在 Linux 中，用户属组的信息存放在/etc/group 中，使用以下命令可以查看组信息文件/etc/group。

```
85  [root@localhost ~]# cat /etc/group
86  root:x:0:
87  bin:x:1:
88  daemon:x:2:
89  …
```

创建完用户属组后，可对文件的权限进行设置。

下面使用 root 用户身份创建目录/test，在其下创建文件 file1、file2，并查看其默认的权限及属组。

```
90  [root@localhost ~]# mkdir test
91  [root@localhost ~]# cd /test
92  [root@localhost test]# touch file1
93  [root@localhost test]# touch file2
94  [root@localhost test]# ls -l
95  total 0
96  -rwxr-xr-x. 1 root root 0 Jul  8 15:48 file1
97  -rwxr-xr-x. 1 root root 0 Jul  8 15:48 file2
98  [root@localhost test]# ls -l / | grep test
99  drwxrwxrwt.  2 root root  4096 Jul  8 15:41 test
```

使用 chmod 命令将/test 目录修改为共享目录，即将其权限设置为 777，使该目录的用户、用户所在的组以及任何用户都具有读、写、执行的权限，命令如下。

```
100 [root@localhost test]# cd
101 [root@localhost ~]# chmod 777 /test
102 [root@localhost ~]# ls -l / | grep test
103 drwxrwxrwt.  2 root root  4096 Jul  8 15:41 test
```

使用 chmod 命令对文件的权限进行设置，如将文件 file1 和 file2 的权限设置为 755，命令如下。

```
104 [root@localhost ~]# chmod 755 /test/file1 /test/file2
105 [root@localhost ~]# ls -l /test/
106 total 0
107 -rwxr-xr-x. 1 root root 0 Jul  8 15:41 file1
108 -rwxr-xr-x. 1 root root 0 Jul  8 15:41 file2
```

将文件 file1 设为所有人皆可读取，可以使用 ugo 来代替所有人，其中 u 表示用户的权限，g 表示对应的属组，o 表示其他用户，命令如下。

```
109 [root@localhost test]# chmod ugo+r file1
```

将文件 file1 设为所有人皆可读取，可以使用 a 来代替所有人，a 为 all 的简写，命令如下。

```
110 [root@localhost test]# chmod a+r file1
```

将文件 file1 与 file2 设为该文件拥有者及其所属同一个组的用户可写入，其他人不可写入，命令如下。

```
111 [root@localhost test]# chmod ug+w,o-w file1 file2
```

使用 chmod 命令修改目录的权限，如将当前目录下的所有文件与子目录皆设为任何人可读取，命令如下。

```
112 [root@localhost test]# chmod -R a+r *
```

同样可以将文件 file1 的所属用户改为 webapp3，所属用户组改为 hatest，命令如下。

```
113 [root@localhost ~]# chown webapp3:hatest /test/file1
114 [root@localhost ~]# ls -l /test/
115 total 0
116 -rwxr-xr-x. 1 webapp3 hatest 0 Jul  8 15:41 file1
117 -rwxr-xr-x. 1 root root 0 Jul  8 15:41 file2
```

10.2 基于鲲鹏通用计算平台的虚拟化应用实践

通过前几章的学习，读者应该对云计算的基础知识和虚拟化技术有了一定的了解。本节将介绍 KVM 虚拟化安装与基础配置，并介绍如何使用 KVM 进行虚拟机的创建和管理操作。

10.2.1 任务概述

虚拟化技术可以解决服务器资源利用率低的问题，用户可借助虚拟化技术对计算资源池进行统一调度，提高处理器等核心计算资源的利用率，从而达到提高资源利用率并节省成本的目的。

在 10.1 节中，将宿主机（假设为物理服务器）配置完成后，需要在安装好的宿主机上进行虚拟化设置。设置完成后，需要创建虚拟机，并对宿主机的资源进行管理。创建的虚拟机可以用于 Web 软件的部署或者其他应用的部署。因此，需要完成以下两个任务。

- KVM 虚拟化安装与基础配置。
- 虚拟机创建与管理操作实践。

10.2.2 KVM 虚拟化安装与基础配置

在安装好的 openEuler 服务器中需要安装 KVM 虚拟化软件。本实践要在 10.1 节中已安装

VirtualBox 软件的主机上进行 KVM 虚拟化软件安装，除在 VirtualBox 软件上进行相关配置外，其他的安装步骤与物理机上一致，具体流程如下。

（1）在安装前，需要在 VirtualBox 软件的管理界面中依次进行如下设置：虚拟机→设置→系统→处理器→启用嵌套 VT-x/AMD-V，也就是设置虚拟机可使用虚拟化技术，最后单击"OK"按钮确认操作，如图 10-19 所示。

图 10-19　设置虚拟机可使用虚拟化技术

（2）使用 vi 编辑器对配置文件进行设置，命令如下。

```
118 [root@openEuler01 ~]# vi /etc/yum.repos.d/openEuler_x86_64.repo
```

将以下内容增加到配置文件中。

```
119 [base]
120 name=openEuler-20.03-LTS base
121 baseurl= https://repo.openeuler.org/openEuler-20.03-LTS/OS/x86_64/
122 enabled=1
123 gpgcheck=0
124 gpgkey=https://repo.openeuler.org/openEuler-20.03-LTS/OS/x86_64/RPM-GPG-
KEY-openEuler
```

（3）设置完成后，再次确认配置文件内容，命令及执行结果如下。

```
125 [root@openEuler01 ~]# cat /etc/yum.repos.d/openEuler_x86_64.repo
126 #Copyright (c) [2019] Huawei Technologies Co., Ltd.
127 #generic-repos is licensed under the Mulan PSL v1.
128 #You can use this software according to the terms and conditions of the Mulan
PSL v1.
```

```
129 #You may obtain a copy of Mulan PSL v1 at:
130 #    http://license.coscl.org.cn/MulanPSL
131 #THIS SOFTWARE IS PROVIDED ON AN "AS IS" BASIS, WITHOUT WARRANTIES OF ANY
KIND, EITHER EXPRESSOR
132 #IMPLIED, INCLUDING BUT NOT LIMITED TO NON-INFRINGEMENT, MERCHANTABILITY OR
FIT FOR A PARTICULAR
133 #PURPOSE.
134 #See the Mulan PSL v1 for more details.
135 [base]
136 name=openEuler-20.03-LTS base
137 baseurl=https://repo.openeuler.org/openEuler-20.03-LTS/OS/x86_64/
138 enabled=1
139 gpgcheck=0
140 gpgkey=https://repo.openeuler.org/openEuler-20.03-LTS/OS/x86_64/RPM-GPG-
KEY-openEuler
```

（4）配置完成后，对虚拟化核心组件进行安装。安装 qemu 组件，命令及执行结果如下。

```
141 [root@openEuler01 ~]# dnf install -y qemu
142 openEuler-20.03-LTS base                      310 kB/s | 2.7 MB     00:09
143 Last metadata expiration check: 0:00:03 ago on Thu 22 Oct 2020 11:15:20 AM
CST.
144 Package qemu-2:4.0.1-11.oe1.x86_64 is already installed.
145 Dependencies resolved.
146 Nothing to do.
147 Complete!
```

（5）安装 libvirt 组件，命令及执行结果如下。

```
148 [root@openEuler01 ~]# dnf install -y libvirt
149 openEuler-20.03-LTS base                      12 kB/s | 3.8 kB     00:00
150 Package libvirt-5.5.0-6.oe1.x86_64 is already installed.
151 Dependencies resolved.
152 Nothing to do.
153 Complete!
```

（6）启动 libvirt 组件，命令如下。

```
154 [root@openEuler01 ~]# systemctl start libvirtd
```

将 libvirtd 服务设置为开机自启动，命令如下。

```
155 [root@openEuler01 ~]# systemctl enable libvirtd
```

（7）组件安装完成后，对安装的组件进行简单验证。查看内核是否支持 KVM 虚拟化，即查看 /dev/kvm 和/sys/module/kvm 文件是否存在，如果存在，则说明支持 KVM 虚拟化，命令及执行结果如下。

```
156 [root@openEuler01 ~]# ls /dev/kvm
157 /dev/kvm
```

```
158 [root@openEuler01 ~]# ls /sys/module/kvm
159 coresize  initsize   notes       refcnt     srcversion  uevent
160 holders   initstate  parameters  sections   taint
```

（8）确认 qemu 组件是否安装成功。rpm 命令加对应的 qi 参数可以显示安装的软件包，有对应的内容显示表明 qemu 组件安装成功，命令及执行结果如下。

```
161 [root@openEuler01 ~]# rpm -qi qemu
162 Name         : qemu
163 Epoch        : 2
164 Version      : 4.0.1
165 Release      : 11.oe1
166 Architecture: x86_64
167 Install Date: Thu 22 Oct 2020 10:18:27 AM CST
168 Group        : Unspecified
169 Size         : 17739227
170 License      : GPLv2 and BSD and MIT and CC-BY
171 Signature    : RSA/SHA1, Tue 24 Mar 2020 04:14:02 AM CST, Key ID
d557065eb25e7f66
172 Source RPM  : qemu-4.0.1-11.oe1.src.rpm
173 Build Date  : Tue 24 Mar 2020 04:10:59 AM CST
174 Build Host  : obs-worker-102
175 Packager     : http://openeuler.org
176 Vendor       : http://openeuler.org
177 URL          : http://www.qemu.org
178 Summary      : QEMU is a generic and open source machine emulator and
virtualizer
179 Description :
180 QEMU is a FAST! processor emulator using dynamic translation to achieve good
emulation speed.
```

（9）同理，对 libvirt 组件进行查看，确认 libvirt 组件是否安装成功。若安装成功，则可以看到 libvirt 软件包信息，命令及执行结果如下。

```
181 [root@openEuler01 ~]# rpm -qi libvirt
182 Name         : libvirt
183 Version      : 5.5.0
184 Release      : 6.oe1
185 Architecture: x86_64
186 Install Date: Thu 22 Oct 2020 10:18:03 AM CST
187 Group        : Unspecified
188 Size         : 0
189 License      : LGPLv2+
190 Signature    : RSA/SHA1, Tue 24 Mar 2020 03:53:39 AM CST, Key ID
```

```
191 Source RPM  : libvirt-5.5.0-6.oe1.src.rpm
192 Build Date  : Tue 24 Mar 2020 03:38:08 AM CST
193 Build Host  : obs-worker-102
194 Packager    : http://openeuler.org
195 Vendor      : http://openeuler.org
196 URL         : https://libvirt.org/
197 Summary     : Library providing a simple virtualization API
198 Description :
199 Libvirt is a C toolkit to interact with the virtualization capabilities
200 of recent versions of Linux (and other OSes). The main package includes
201 the libvirtd server exporting the virtualization support.
```

（10）查看 libvirtd 服务是否启动成功。若服务处于 Active 状态，则说明服务启动成功，可以正常使用 libvirt 组件提供的 virsh 命令行工具，命令及执行结果如下。

```
202 [root@openEuler01 ~]# systemctl status libvirtd
203 ● libvirtd.service - Virtualization daemon
204    Loaded:  loaded  (/usr/lib/systemd/system/libvirtd.service;  enabled;
vendor preset: enabled)
205    Active: active (running) since Thu 2020-10-22 10:41:56 CST; 40min ago
206     Docs: man:libvirtd(8)
207           https://libvirt.org
208 Main PID: 1757 (libvirtd)
209    Tasks: 19 (limit: 32768)
210   Memory: 46.5M
211 …
```

（11）验证核心组件后，进一步对虚拟化环境进行设置，需要安装 OpenvSwitch 组件，先安装 openvswitch-kmod，再安装 openvswitch。安装 openvswitch-kmod 的命令及执行结果如下。

```
212 [root@openEuler01 ~]# dnf install -y openvswitch-kmod
213 Last metadata expiration check: 0:06:19 ago on Thu 22 Oct 2020 11:17:42 AM
CST.
214 Dependencies resolved.
215 ================================================================
216 Package        Architecture      Version          Repository     Size
217 ================================================================
218 Installing:
219 openvswitch-kmod     x86_64       2.12.0-1.oe1      base        2.9 M
220 Transaction Summary
221 ================================================================
222 Install  1 Package
223 …
```

```
224 Installed:
225   openvswitch-kmod-2.12.0-1.oe1.x86_64
226 Complete!
```

（12）安装 openvswitch 的命令及执行结果如下。

```
227 [root@openEuler01 ~]# dnf install -y openvswitch
228 Last metadata expiration check: 0:09:30 ago on Thu 22 Oct 2020 11:17:42 AM
CST.
229 Dependencies resolved.
230 =================================================================
231  Package         Architecture       Version              Repository       Size
232 =================================================================
233 Installing:
234  openvswitch      x86_64            2.12.0-5.oe1          base             1.8 M
235 Installing dependencies:
236  python2-six      noarch            1.12.0-1.oe1         base             34 k
237 Transaction Summary
238 =================================================================
239 Install  2 Packages
240 …
241 Installed:
242   openvswitch-2.12.0-5.oe1.x86_64
python2-six-1.12.0-1.oe1.noarch
243 Complete!
```

（13）将安装完成的 OpenvSwitch 组件启动，命令及执行结果如下。

```
244 [root@openEuler01 ~]# systemctl start openvswitch
245 Warning: The unit file, source configuration file or drop-ins of
openvswitch.service changed on disk. Run 'systemctl daemon-reload' to reload units.
```

（14）将 OpenvSwitch 组件设置为开机启动，命令及执行结果如下。

```
246 [root@openEuler01 ~]# systemctl enable openvswitch
247 openvswitch.service  is  not  a  native  service,  redirecting  to
systemd-sysv-install.
248 Executing: /usr/lib/systemd/systemd-sysv-install enable openvswitch
```

（15）安装完成后，需确认 openvswitch-kmod 是否安装成功。若安装成功，则可以看到软件包相关信息，命令及执行结果如下。

```
249 [root@openEuler01 ~]# rpm -qi openvswitch-kmod
250 Name      : openvswitch-kmod
251 Version   : 2.12.0
252 Release   : 1.oe1
253 Architecture: x86_64
254 Install Date: Thu 22 Oct 2020 11:24:22 AM CST
```

```
255 Group        : Unspecified
256 Size         : 17733029
257 License      : GPLv2
258 Signature      : RSA/SHA1, Tue 24 Mar 2020 04:58:58 AM CST, Key ID
d557065eb25e7f66
259 Source RPM   : openvswitch-kmod-2.12.0-1.oe1.src.rpm
260 Build Date   : Tue 24 Mar 2020 04:58:20 AM CST
261 Build Host   : ecs-obs-memory-worker-0001
262 Packager     : http://openeuler.org
263 Vendor       : http://openeuler.org
264 URL          : http://www.openvswitch.org/
265 Summary      : Open vSwitch Kernel Modules
266 Description  :
267 Open vSwitch Linux kernel module
```

（16）确认 openvswitch 是否安装成功。若安装成功，则可以看到软件包相关信息，命令及执行结果如下。

```
268 [root@openEuler01 ~]# rpm -qi openvswitch
269 Name         : openvswitch
270 Version      : 2.12.0
271 Release      : 5.oe1
272 Architecture: x86_64
273 Install Date: Thu 22 Oct 2020 11:27:37 AM CST
274 Group        : Unspecified
275 Size         : 6923973
276 License      : ASL 2.0
277 Signature      : RSA/SHA1, Tue 24 Mar 2020 04:58:41 AM CST, Key ID
d557065eb25e7f66
278 Source RPM   : openvswitch-2.12.0-5.oe1.src.rpm
279 Build Date   : Tue 24 Mar 2020 04:55:58 AM CST
280 Build Host   : ecs-obsworker-201
281 Packager     : http://openeuler.org
282 Vendor       : http://openeuler.org
283 URL          : http://www.openvswitch.org/
284 Summary      : Production Quality, Multilayer Open Virtual Switch
285 Description  :
286 Open vSwitch is a production quality, multilayer virtual switch licensed
under
287 the opensource Apache 2.0 license.
```

（17）查看 OpenvSwitch 组件是否启动成功。若组件处于 Active 状态，则说明启动成功，可以正常使用 OpenvSwitch 组件提供的命令行工具，命令及执行结果如下。

```
288 [root@openEuler01 ~]# systemctl status openvswitch
289 Warning: The unit file, source configuration file or drop-ins of
openvswitch.service changed o>
290 ● openvswitch.service - LSB: Open vSwitch switch
291    Loaded: loaded (/etc/rc.d/init.d/openvswitch; generated)
292    Active: active (running) since Thu 2020-10-22 11:28:52 CST; 2min 49s ago
293      Docs: man:systemd-sysv-generator(8)
294     Tasks: 4
295    Memory: 7.5M
296    CGroup: /system.slice/openvswitch.service
297 …
```

（18）以上检查完成后，说明虚拟化组件 OpenvSwitch 安装完成。下面需要对网络进行配置，可以使用 ip address 命令查看网卡信息。

```
298 [root@openEuler01 ~]# ip address
299 1: lo: <LOOPBACK,UP,LOWER_UP> mtu 65536 qdisc noqueue state UNKNOWN group
default qlen 1000
300     link/loopback 00:00:00:00:00:00 brd 00:00:00:00:00:00
301     inet 127.0.0.1/8 scope host lo
302        valid_lft forever preferred_lft forever
303     inet6 ::1/128 scope host
304        valid_lft forever preferred_lft forever
305 2: enp0s3: <BROADCAST,MULTICAST,UP,LOWER_UP> mtu 1500 qdisc fq_codel state
UP group default qlen 1000
306     link/ether 08:00:27:ab:19:8f brd ff:ff:ff:ff:ff:ff
307     inet 172.20.10.2/28 brd 172.20.10.15 scope global dynamic noprefixroute
enp0s3
308        valid_lft 82423sec preferred_lft 82423sec
309     inet6 fe80::eaf8:ae7a:72cd:68a/64 scope link noprefixroute
310        valid_lft forever preferred_lft forever
311 3: enp0s8: <BROADCAST,MULTICAST,UP,LOWER_UP> mtu 1500 qdisc fq_codel state
UP group default qlen 1000
312     link/ether 08:00:27:a6:0a:e4 brd ff:ff:ff:ff:ff:ff
313 4: virbr0: <NO-CARRIER,BROADCAST,MULTICAST,UP> mtu 1500 qdisc noqueue state
DOWN group defaultqlen 1000
314     link/ether 52:54:00:55:b7:95 brd ff:ff:ff:ff:ff:ff
315     inet 192.168.122.1/24 brd 192.168.122.255 scope global virbr0
316        valid_lft forever preferred_lft forever
317 5: virbr0-nic: <BROADCAST,MULTICAST> mtu 1500 qdisc fq_codel master virbr0
state DOWN group default qlen 1000
318 link/ether 52:54:00:55:b7:95 brd ff:ff:ff:ff:ff:ff
```

说明：本实践中规划的网卡名称为 enp0s8。

（19）创建 OpenvSwitch 网桥 br01，命令如下。

```
319 [root@openEuler01 ~]# ovs-vsctl add-br br01
```

（20）将物理网卡 enp0s8 添加到网桥 br01 中，命令如下。

```
320 [root@openEuler01 ~]# ovs-vsctl add-port br01 enp0s8
```

（21）enp0s8 与网桥连接后，不再需要 IP 地址，因此可将 enp0s8 的 IP 地址设置为 0.0.0.0，命令如下。

```
321 [root@openEuler01 ~]# ifconfig enp0s8 0.0.0.0
```

（22）为网桥 br01 配置静态 IP 地址，如 10.0.0.2。需要注意的是 IP 地址网段不要与 enp0s8 重叠。网络设置完成后，需要安装 edk2-devel 软件包，使用 root 用户身份进行操作，命令及执行结果如下。

```
322 [root@openEuler01 ~]# dnf -y install edk2-devel
323 Last metadata expiration check: 0:00:10 ago on Thu 22 Oct 2020 04:12:58 PM CST.
324 Dependencies resolved.
325 ================================================================================
326  Package          Architecture       Version          Repository        Size
327 ================================================================================
328 Installing:
329  edk2-devel       x86_64             201908-9.oe1     base              651 k
330 Transaction Summary
331 …
332 Installed:
333   edk2-devel-201908-9.oe1.x86_64
334 Complete!
```

（23）安装完成后，对安装的 edk2-devel 软件包进行检查，命令及执行结果如下。

```
335 [root@openEuler01 ~]# rpm -qi edk2-devel
336 Name        : edk2-devel
337 Version     : 201908
338 Release     : 9.oe1
339 Architecture: x86_64
340 Install Date: Thu 22 Oct 2020 04:13:09 PM CST
341 Group       : Unspecified
342 Size        : 2562624
343 License     : BSD-2-Clause-Patent
344 Signature   : RSA/SHA1, Tue 24 Mar 2020 04:38:44 AM CST, Key ID
d557065eb25e7f66
345 Source RPM  : edk2-201908-9.oe1.src.rpm
346 Build Date  : Tue 24 Mar 2020 04:34:49 AM CST
347 Build Host  : obs-worker-100-0002.novalocal
```

```
348 Packager    : http://openeuler.org
349 Vendor      : http://openeuler.org
350 URL         : https://github.com/tianocore/edk2
351 Summary     : EFI Development Kit II Tools
352 Description :
353 This package provides tools that are needed to build EFI executables and ROMs
using the GNU tools.
```

至此，KVM 虚拟化安装与基础配置就完成了。下一节将介绍虚拟机的创建与管理操作。

10.2.3　虚拟机创建与管理操作实践

在 10.2.2 节中，完成了 KVM 虚拟化的安装与基础配置，本节将使用 KVM 创建虚拟机，并完成对虚拟机的管理，具体流程如图 10-20 所示。

（1）在进行虚拟机创建前，需要创建存放镜像的目录，并上传虚拟机的安装镜像。创建存放镜像的/mnt/iso 目录，命令如下。

```
354 [root@openEuler01 ~]# cd /mnt/
355 [root@openEuler01 mnt]# mkdir iso
356 [root@openEuler01 mnt]# cd /mnt/iso
357 [root@openEuler01 iso]# pwd
358 /mnt/iso
```

（2）可以使用 WinSCP 上传镜像到上述目录，使用其他软件也可以将镜像上传至上述目录，如图 10-21 所示。

图 10-20　虚拟机的创建与
　　　　　管理流程

图 10-21　上传镜像

（3）创建虚拟机磁盘存放路径，此处将磁盘存放路径命名为 images，并切换至该路径下，命令如下。

```
359 [root@openEuler01 iso]# mkdir /images
360 [root@openEuler01 iso]# cd /images/
```

```
361 [root@openEuler01 images]# pwd
362 /images
```

（4）为即将分配的虚拟机创建一个磁盘设备大小为 20GB、格式为 qcow2 的镜像 openEuler-image，命令如下。

```
363 [root@openEuler01 images]# qemu-img create -f qcow2 openEuler-image 20G
364 Formatting        'openEuler-image',        fmt=qcow2        size=21474836480
cluster_size=65536 lazy_refcounts=offrefcount_bits=16
```

（5）查看创建的磁盘信息，命令及执行结果如下。

```
365 [root@openEuler01 images]# qemu-img info openEuler-image
366 image: openEuler-image
367 file format: qcow2
368 virtual size: 20G (21474836480 bytes)
369 disk size: 196K
370 cluster_size: 65536
371 Format specific information:
372     compat: 1.1
373     lazy refcounts: false
374     refcount bits: 16
375     corrupt: false
```

（6）在 KVM 主机上创建虚拟机定义文件 vm.xml，命令如下。

```
376 [root@openEuler01 images]# vi vm.xml
```

（7）在配置文件中，需要修改部分内容。首先设定虚拟机名称，本实践中将其命名为"openEulerVM0007"，其次需要设置虚拟机的内存大小和虚拟 CPU 的个数，在"source file"中设置虚拟机磁盘路径，也就是上面创建的磁盘存放路径，同时需要设置虚拟机镜像的路径，最后在"source bridge"中设置虚拟类型，这里将其设置为"openvswitch"，如下所示（其中加粗文本是需要修改的）。

注意：宿主机的 CPU 数量和内存容量必须大于此处配置的数值。

```
377 <domain type='kvm'>
378     <name>openEulerVM0007</name>
379     <memory unit='GiB'>2</memory>
380     <vcpu placement='static'>1</vcpu>
381     <iothreads>1</iothreads>
382     <os>
383         <type arch='x86_64' machine='pc-i440fx-4.0'>hvm</type>
384     </os>
385     <features>
386         <acpi/>
387     </features>
388     <cpu mode='host-passthrough'>
389         <topology sockets='1' cores='1' threads='1'/>
```

```
390     </cpu>
391     <clock offset='utc'/>
392     <on_poweroff>destroy</on_poweroff>
393     <on_reboot>restart</on_reboot>
394     <on_crash>restart</on_crash>
395     <devices>
396       <emulator>/usr/libexec/qemu-kvm</emulator>
397       <disk type='file' device='disk'>
398         <driver name='qemu' type='qcow2' iothread='1'/>
399         <source file='/images/openEuler-image'/>
400         <target dev='vda' bus='virtio'/>
401         <boot order='1'/>
402       </disk>
403       <disk type='file' device='cdrom'>
404         <driver name='qemu' type='raw'/>
405         <source file='/mnt/iso/openEuler-20.03-LTS-x86_64-dvd.iso'/>
406         <readonly/>
407         <target dev='sdb' bus='scsi'/>
408         <boot order='2'/>
409       </disk>
410       <controller type='scsi' index='0' model='virtio-scsi'>
411       </controller>
412       <controller type='virtio-serial' index='0'>
413       </controller>
414       <controller type='usb' index='0' model='ehci'>
415       </controller>
416       <controller type='sata' index='0'>
417       </controller>
418       <controller type='pci' index='0' model='pci-root'/>
419       <interface type='bridge'>
420       <source bridge='br01'/>
421         <virtualport type='openvswitch'/>
422         <model type='virtio'/>
423       </interface>
424       <serial type='pty'>
425         <target type='isa-serial' port='0'>
426           <model name='isa-serial'/>
427         </target>
428       </serial>
429       <console type='pty'>
```

```
430        <target type='serial' port='0'/>
431      </console>
432      <input type='tablet' bus='usb'>
433        <address type='usb' bus='0' port='1'/>
434      </input>
435      <input type='keyboard' bus='usb'>
436        <address type='usb' bus='0' port='2'/>
437      </input>
438      <input type='mouse' bus='ps2'/>
439      <input type='keyboard' bus='ps2'/>
440      <graphics type='vnc' port='-1' autoport='yes' listen='0.0.0.0'>
441        <listen type='address' address='0.0.0.0'/>
442      </graphics>
443      <video>
444        <model type='vga' vram='16384' heads='1' primary='yes'/>
445        <address type='pci' domain='0x0000' bus='0x00' slot='0x02'
function='0x0'/>
446      </video>
447      <memballoon model='virtio'>
448      </memballoon>
449    </devices>
450 </domain>
```

（8）运行虚拟机定义文件，命令如下。

```
451 [root@openEuler01 images]# virsh define vm.xml
452 Domain openEulerVM1 defined from vm.xml
```

（9）更改虚拟机的启动权限，命令如下。

```
453 [root@openEuler01 images]# vi /etc/libvirt/qemu.conf
```

（10）编辑文件/etc/libvirt/qemu.conf，在文件的 455 行和 459 行分别修改用户和用户组为 root，命令如下，保存并退出文件。

```
454 …
455 user = "root"
456
457 # The group for QEMU processes run by the system instance. It can be
458 # specified in a similar way to user.
459 group = "root"
460 …
```

（11）重启 libvirtd 服务，命令如下。

```
461 [root@openEuler01 images]# systemctl restart libvirtd.service
```

（12）启动虚拟机，使用 virsh list 命令可以查看当前虚拟机的运行情况，命令及执行结果如下。

```
462 [root@openEuler01 images]# virsh start openEulerVM007
```

```
463 Domain openEulerVM007 started
464 [root@openEuler01 images]# virsh list --all
465 Id    Name              State
466 --------------------------------
467 1     openEulerVM007    running
```

（13）使用 virsh vncdisplay 命令可以查看虚拟网络控制台（Virtual Network Console，VNC）端口，命令如下。

```
468 [root@openEuler01 images]# virsh vncdisplay openEulerVM007
469 :0
```

（14）通过 VNC Viewer（使用免费版本）连接虚拟机控制台，进行可视化界面安装，配置信息如图 10-22 所示。

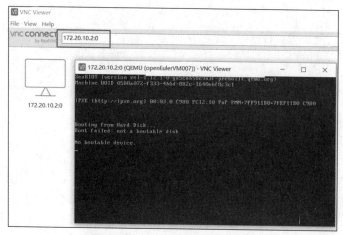

图 10-22　VNC Viewer 配置信息

（15）设置 VNC Viewer 的"Picture quality"为"High"，右键单击虚拟机，在"Options"选项卡的"Picture quality"下拉列表中选择"High"选项，最后单击"OK"按钮确认操作，如图 10-23 所示。

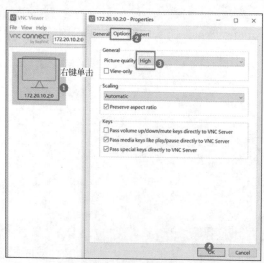

图 10-23　VNC Viewer 设置

（16）根据安装提示完成虚拟机的安装，安装步骤与操作系统的安装步骤相同，此处不赘述。根据虚拟机安装提示，等待虚拟机的安装成功。此步骤耗时较长，全部安装完成预计需要 90 分钟左右。

（17）安装成功后，重启虚拟机，用户即可登录虚拟机，如图 10-24 所示。

图 10-24　登录虚拟机

（18）安装完成后，查看虚拟机的状态。使用 virsh list 命令进行查看，可以看到安装完成的虚拟机处于 running 状态，表明该虚拟机正在运行，命令如下。

```
470 [root@openEuler01 ~]# virsh list
471 Id   Name            State
472 -------------------------------
473 1    openEulerVM0007  running
```

（19）同样，用户通过 KVM 主机使用 virsh shutdown 命令可关闭虚拟机。尝试将 openEulerVM0007 主机关闭，再次查看其状态时，主机状态为 shut off，命令及执行结果如下。

```
474 [root@openEuler01 ~]# virsh shutdown openEulerVM0007
475 Domain openEulerVM0007 is being shutdown
476 [root@openEuler01 ~]# virsh list --all
477 Id   Name            State
478 -------------------------------
479 -    openEulerVM0007  shut off
```

（20）使用 virsh start 命令启动虚拟机，命令及执行结果如下。

```
480 [root@openEuler01 ~]# virsh start openEulerVM0007
481 Domain openEulerVM0007 started
```

（21）查看虚拟机状态，此时虚拟机已启动完成，其状态为 running，命令及执行结果如下。

```
482 [root@openEuler01 ~]# virsh list
```

```
483  Id   Name              State
484  --------------------------------
485  2    openEulerVM0007    running
```

（22）使用 virsh suspend 命令可以暂停虚拟机，使虚拟机处于 paused 状态，类似于 VirtualBox 软件中的休眠状态。

```
486 [root@openEuler01 ~]# virsh suspend openEulerVM0007
487 Domain openEulerVM0007 suspended
488
489 [root@openEuler01 ~]# virsh list
490  Id   Name              State
491  --------------------------------
492  2    openEulerVM0007    paused
```

（23）使用 virsh resume 命令可以唤醒虚拟机，命令及执行结果如下。

```
493 [root@openEuler01 ~]# virsh resume openEulerVM0007
494 Domain openEulerVM0007 resumed
495 [root@openEuler01 ~]# virsh list
496  Id   Name              State
497  --------------------------------
498  2    openEulerVM0007    running
```

（24）将虚拟机的运行状态存储到文件中，保证虚拟机在异常恢复后使用，命令及执行结果如下。

```
499 [root@openEuler01 ~]# cd /images/
500 [root@openEuler01     images]#     virsh     save     openEulerVM0007
/images/openEulerVM.QCOW2
501 Domain openEulerVM0007 saved to /images/openEulerVM.QCOW2
```

（25）在生产环境中，可能会遇到虚拟机资源不足的情况，此时可以临时修改虚拟机的 CPU 配额。使用以下命令可以查看虚拟机的当前 CPU 份额。

```
502 [root@openEuler01 images]# virsh schedinfo openEulerVM0007
503 Scheduler      : posix
504 cpu_shares     : 1024
505 vcpu_period    : 100000
506 vcpu_quota     : -1
507 emulator_period: 100000
508 emulator_quota : -1
509 global_period  : 100000
510 global_quota   : -1
511 iothread_period: 100000
512 iothread_quota : -1
```

（26）将虚拟机 openEulerVM0007 的 CPU 份额从 1024 改为 2048，命令及执行结果如下。

```
513 [root@openEuler01     images]#     virsh     schedinfo     openEulerVM0007     --live
cpu_shares=2048
```

```
514 Scheduler    : posix
515 cpu_shares    : 2048
516 vcpu_period   : 100000
517 vcpu_quota    : -1
518 emulator_period: 100000
519 emulator_quota : -1
520 global_period : 100000
521 global_quota  : -1
522 iothread_period: 100000
523 iothread_quota : -1
```

（27）重启虚拟机后，再次查看配额信息，虚拟机的 CPU 配额变为 2048，命令及执行结果如下。

```
524 [root@openEuler01 images]# virsh reboot openEulerVM0007
525 Domain openEulerVM0007 is being rebooted
526
527 [root@openEuler01 images]# virsh schedinfo openEulerVM0007
528 Scheduler    : posix
529 cpu_shares    : 2048
530 vcpu_period   : 100000
531 vcpu_quota    : -1
532 emulator_period: 100000
533 emulator_quota : -1
534 global_period : 100000
535 global_quota  : -1
536 iothread_period: 100000
537 iothread_quota : -1
```

（28）关闭虚拟机后，再次查看虚拟机的 CPU 配额，其中的信息都变为 0，命令及执行结果如下。

```
538 [root@openEuler01 images]# virsh shutdown openEulerVM0007
539 Domain openEulerVM0007 is being shutdown
540 [root@openEuler01 images]# virsh schedinfo openEulerVM0007
541 Scheduler    : posix
542 cpu_shares    : 0
543 vcpu_period   : 0
544 vcpu_quota    : 0
545 emulator_period: 0
546 emulator_quota : 0
547 global_period : 0
548 global_quota  : 0
549 iothread_period: 0
550 iothread_quota : 0
```

（29）启动虚拟机后，再次查看虚拟机的 CPU 配额信息，CPU 配额又变回了 1024，命令及执行结果如下。

```
551 [root@openEuler01 images]# virsh start openEulerVM0007
552 Domain openEulerVM0007 started
553
554 [root@openEuler01 images]# virsh schedinfo openEulerVM0007
555 Scheduler      : posix
556 cpu_shares     : 1024
557 vcpu_period    : 100000
558 vcpu_quota     : -1
559 emulator_period: 100000
560 emulator_quota : -1
561 global_period  : 100000
562 global_quota   : -1
563 iothread_period: 100000
564 iothread_quota : -1
```

（30）如果需要永久修改虚拟机的 CPU 配额，可以将虚拟机 openEulerVM0007 的 CPU 份额从 1024 改为 2048 并写入设置文件中，使用 virsh schedinfo 命令添加 config 选项进行永久设置，命令及执行结果如下。

```
565 [root@openEuler01  images]#  virsh  schedinfo  openEulerVM0007  --config
cpu_shares=2048
566 Scheduler      : posix
567 cpu_shares     : 2048
568 vcpu_period    : 0
569 vcpu_quota     : 0
570 emulator_period: 0
571 emulator_quota : 0
572 global_period  : 0
573 global_quota   : 0
574 iothread_period: 0
575 iothread_quota : 0
```

（31）重启虚拟机后，再次查看 CPU 配额信息，虚拟机的 CPU 配额并未改变，因此需要将虚拟机重启后以应用，命令及执行结果如下。

```
576 [root@openEuler01 images]# virsh reboot openEulerVM0007
577 Domain openEulerVM0007 is being rebooted
578
579 [root@openEuler01 images]# virsh schedinfo openEulerVM0007
580 Scheduler      : posix
581 cpu_shares     : 1024
582 vcpu_period    : 100000
```

```
583 vcpu_quota    : -1
584 emulator_period: 100000
585 emulator_quota : -1
586 global_period : 100000
587 global_quota  : -1
588 iothread_period: 100000
589 iothread_quota : -1
```

（32）关闭虚拟机，再次启动虚拟机后，查看虚拟机的 CPU 配额，数值为 2048，命令及执行结果如下。

```
590 [root@openEuler01 images]# virsh shutdown openEulerVM0007
591 Domain openEulerVM0007 is being shutdown
592
593 [root@openEuler01 images]# virsh start openEulerVM0007
594 Domain openEulerVM0007 started
595
596 [root@openEuler01 images]# virsh schedinfo openEulerVM0007
597 Scheduler     : posix
598 cpu_shares    : 2048
599 vcpu_period   : 100000
600 vcpu_quota    : -1
601 emulator_period: 100000
602 emulator_quota : -1
603 global_period : 100000
604 global_quota  : -1
605 iothread_period: 100000
606 iothread_quota : -1
```

第11章

基于鲲鹏通用计算平台的 Web实践

11

学习目标

- 了解常见的 Web 架构
- 理解 Web 架构常用技术的实现方式
- 熟悉基于鲲鹏架构的 Web 应用的技术特点

Web 应用是一种利用网络浏览器或网络技术在互联网上执行任务的计算机程序。随着互联网技术的发展，Web 应用得以飞速发展。Web 应用流行的原因之一是它可以直接在各种平台上执行，不需要安装或升级程序。无论是传统软件，还是智能设备或移动终端，Web 应用已经成为默认的前端呈现方式，软件 Web 化越来越普遍，移动终端更是大量使用 Web 应用。因此，互联网及软件公司的 Web 后端需要大量的 Web 处理能力，以应对越来越多的 Web 请求。

本章将通过典型案例讲解基于鲲鹏通用计算平台的 Web 实践。

11.1 基于鲲鹏架构的 Web 应用实践 1

互联网的快速发展带来了 Web 用户数的大规模增长和 Web 承载数据量的持续激增，随之而来的网络数据安全接入越来越重要。需要将 Web 数据传输从原来的明文传输转换为加密传输，即从 HTTP 变为 HTTPS，如图 11-1 所示。HTTPS 默认采用 RSA 加密算法，客户端在接入时，RSA 算法会消耗大量的 CPU 算力。客户端接入请求越多，需要的 CPU 算力就越大。

HTTP + SSL = HTTPS

图 11-1　什么是 HTTPS

如图 11-2 所示，常见的 Web 架构有两种：C/S 架构和 B/S 架构。C/S 架构可以充分利用两端硬件环境的优势，将任务合理分配到客户端和服务器端，从而降低系统的通信开销。B/S 架构是随着互联网技术的兴起，对 C/S 架构的一种改进架构。在这种架构下，用户工作界面通过浏览器实现，只有极少部分事务逻辑在前端（浏览器）实现，主要事务逻辑则在服务器端实现。典型的 Web 应用场景有企业门户网站、OA 系统、系统管理工具等。

通常情况下，大型网站均由小型网站逐步发展而来。一开始的网站系统架构都较为简单，但随着业务复杂性的提升及用户数量的激增，企业会根据不同的场景进行系统架构改进，以应对相关业务环境的快速变化，经过不断的实践会逐渐形成一些新的架构。目前常见的基于 Linux 的 Web 系统架构有 LAMP（Linux+Apache+MySQL+PHP）和 LNMP（Linux+Nginx+MySQL+PHP）。

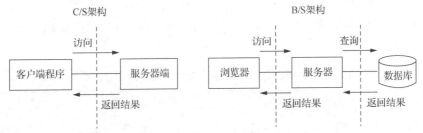

图 11-2　C/S 架构与 B/S 架构

从架构组成部分来看，LAMP 架构使用 Apache，LNMP 架构使用 Nginx。Apache 是目前主流的 Web 服务器之一，由于具有良好的跨平台性和安全性而被广泛使用；Nginx 是一款跨平台轻量级的 Web 服务器，可作为 HTTP 服务器、Web 缓存服务器、反向代理服务器、负载均衡服务器等，由于具有体积小、量级轻、高并发能力强等特点，得到国内外许多互联网公司的广泛使用。Apache 拥有丰富的模块组件支持，其稳定性强、漏洞少、动态内容处理强；Nginx 具有轻量级、占用资源少、负载均衡、高并发处理强、静态内容处理高效等特点。由此可见，Apache 和 Nginx 各有优势，用户可以根据实际业务场景进行选择及使用。

在高并发的 Web 业务场景下，采用华为 TaiShan 服务器可以充分发挥鲲鹏处理器多核、内存带宽高的优势，提升用户的 Web 业务性能。

鲲鹏 Web 应用架构遵循开放架构标准，支持所有开源 Web 组件，可提供良好的场景适用性，具有安装部署简单、系统配置方便的特点，结合鲲鹏处理器能够提供卓越的高并发处理能力。该架构的主要特点如下。

1. 生态开放

鲲鹏 Web 应用架构对常用编程语言开发的开源 Web 应用及框架有较好的支持，如 C/C++/C#、Java、Python、Perl、PHP、Go 等常用编程语言，同时对国产商业 Web 应用做了适配支持，如东方通（TongWeb）、金蝶天燕（Apusic）、中创中间件（InforSuite AS）和宝兰德（BES）等，主要完成了如下开源 Web 应用的迁移和调优，已在鲲鹏社区开放。

① Web 负载均衡：Nginx、LVS 和 HAProxy。

② Web 服务器：Tomcat、Nginx、Apache、Lighttpd、JBoss 和 TomEE。

③ Web 缓存：Memcached、Redis、Squid 和 Varnish。

2. 高性能

鲲鹏 Web 应用架构基于鲲鹏 920 处理器提供的 KAE，可以实现 HTTPS 处理中 RSA2048 非对称加解密算法的硬件卸载，大幅降低了 CPU 资源占用，HTTPS 处理性能约为软件计算的 2 倍，可以释放更多 CPU 算力用于业务处理。

鲲鹏 Web 应用架构基于鲲鹏 920 处理器的多核架构和多核调度优化算法，使具有高并发、低时延、计算密集特点的 Web 应用性能得到了明显提升。

3. 使用简单

鲲鹏 Web 应用架构安装简化、性能优化简单。

① 安装简化：所有 Web 组件都提供迁移安装指导及一键式安装脚本，安装方便。

② 性能优化简单：所有 Web 组件均提供性能调优指导及一键式调优脚本，通过调优可以充分

发挥鲲鹏处理器的性能。

4. 部署灵活

鲲鹏 Web 应用架构支持业内所有安装部署方式：物理机、虚拟机和容器部署。在满足灵活的业务需求的同时，其提供了卓越的计算能力。表 11-1 展示了常用的鲲鹏通用计算平台的 Web 应用架构组件。

表 11-1 常用的鲲鹏通用计算平台的 Web 应用架构组件

组件名称	各组件可选软件
Web 负载均衡	Nginx、LVS 和 HAProxy
Web 服务器	Tomcat、Nginx、Apache、Lighttpd、JBoss 和 TomEE
Web 缓存	Memcached、Redis、Squid 和 Varnish
其他 Web 中间件	Dubbo、Spring Cloud、Spring Boot、Spring Framework
商业版 Web 套件	东方通、金蝶天燕、中创中间件和宝兰德
编程语言	Java、Python、C/C++/C#、Perl、PHP、Go
开发/运行环境	OpenJDK、毕昇 JDK、.NET Core 和 HipHop 虚拟机（HipHop Virtual Machine，HHVM）
SSL 卸载（RSA 加速）	通过 TaiShan 200 服务器提供的鲲鹏 RSA 加速引擎卸载 RSA2048 加解密算法，释放 CPU 算力
硬件平台	TaiShan 200 服务器

图 11-3 所示为鲲鹏 Web 应用架构组网。客户端通过互联网访问 Web 网站，首先由反向代理服务器处理 HTTP/HTTPS 请求，通过一定的策略，把 HTTP/HTTPS 请求按需转发到后端的某一台或某几台 Web 服务器，使每台 Web 服务器的负载都比较接近，这时反向代理服务器也起到了负载均衡的作用。Web 服务器、应用服务器联合后端设备完成客户端的 Web 业务请求，最终的响应经反向代理服务器返回客户端。缓存服务器是一个高性能的分布式内存对象缓存系统，用于动态 Web 应用以减轻数据库负载，通过在内存中缓存数据和对象来减少读取数据库的次数，从而加快动态 Web 应用的速度，提高可扩展性。

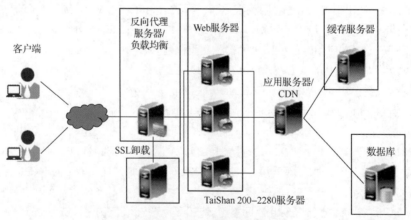

图 11-3 鲲鹏 Web 应用架构组网

在实际部署中，Web 网站可以根据实际访问流量和性能分析，调整每一个组成部分。例如，扩充应用服务器到集群，可以大幅提升 Web 业务的处理能力；扩充反向代理服务器或者 Web 服务器到集群，可以减少前端 Web 业务请求的响应时间。接下来将通过典型的现网需求场景及不同任务对鲲鹏 Web 应用架构进行详细介绍。

11.1.1　任务概述

某电商公司前期在鲲鹏云主机上搭建网站积累了一定的经验。现在该公司开始构建自己的电商门户网站来支撑海量用户，以应对后续的高并发事务，因此要在鲲鹏云主机上搭建 LNMP 网站和进行相关负载均衡集群的配置来支撑高并发和 PHP 个性化页面的呈现。为此，需要考虑以下因素。

（1）LNMP 网站架构是目前国际流行的 Web 框架，该框架包括 Linux 操作系统、Nginx 网络服务器、MySQL 数据库、PHP 编程语言。所有组成产品均为免费开源软件，这 4 种软件组合到一起，即可形成一个免费、高效的网站服务系统，所以电商公司希望采用 LNMP 网站架构来进行电商门户网站的搭建、部署。

（2）电商公司希望先在华为云的鲲鹏云主机上小规模部署，验证其可行性及完成前期的性能测试后，再在基于鲲鹏处理器的 TaiShan 物理服务器上大规模部署。

（3）电商公司希望在基于鲲鹏处理器的 TaiShan 200 服务器上安装、配置加速引擎，使用该服务器提供的硬件加速架构。

此次实践将在华为云鲲鹏 ECS 基于 CentOS 的实例上进行 LNMP 网站的搭建。通过 Nginx、MySQL、PHP 的安装与配置，负载均衡配置，以及个性化编写脚本页面呈现，介绍 LNMP 网站的搭建。

11.1.2　LNMP 实践

前文已初步介绍 LAMP 和 LNMP 的架构差异及其各自的特点。LNMP 中的 Nginx 由于具有体积小、量级轻、支持高并发等特点，受到许多公司的青睐。因此，本节的实践选取 LNMP 架构展开讲解，任务操作环境则选用鲲鹏云主机作为基础环境。

LNMP 架构的软件安装流程如图 11-4 所示。

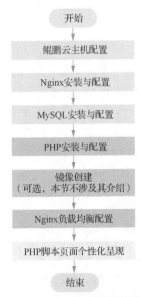

图 11-4　LNMP 架构的软件安装流程

1．鲲鹏云主机配置

登录华为云网站，选择弹性云服务器，在"基础配置"页面中进行可用区、CPU 架构、镜像等属性的选择。其中，"CPU 架构"选择"鲲鹏计算"，"规格"选择"鲲鹏通用计算增强型"，如图 11-5 所示。同时，"镜像"选择"CentOS"作为 LNMP 架构中的操作系统（注：用户可根据需求选择华为云提供的不同版本的操作系统），华为云会根据用户选择的镜像自动安装操作系统，这简化了环境搭建。

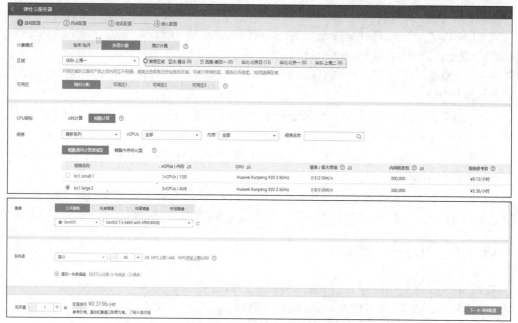

图 11-5　鲲鹏云主机配置

之后，单击"下一步 网络配置"按钮，在"网络配置"页面中设置弹性公网 IP，如图 11-6 所示，以便通过本地 SSH 连接工具进行操作。

图 11-6　鲲鹏云网络配置

在所有配置完成后，可查看鲲鹏云服务器状态，如图 11-7 所示。

名称/ID	监控	可用区 ▽	状态 ▽	规格/镜像	IP地址	计费模式 ▽	操作
web 97340ac4-01aa-4e9f-8145-0c19e5e2345d	🖾	可用区3	◎ 运行中	2vCPUs | 4GB | kc1.large.2 CentOS 7.6 64bit with ARM	122.112.193.85 (弹性公网) 5 M... 192.168.0.43 (私有)	按需计费	远程登录 更多 ▾

图 11-7　鲲鹏云服务器状态

2. Nginx 安装与配置

首先需要对编译环境进行配置,安装相关依赖包;再通过 Nginx 官方网站获取安装包并进行编译安装;最后打开浏览器,在其地址栏中输入前面的弹性公网 IP 地址进行验证。使用 root 用户身份执行以下命令。

```
#安装相关依赖包
yum install gcc gcc-c++ make unzip pcre pcre-devel zlib zlib-devel libxml2
libxml2-devel    readline    readline-devel    ncurses    ncurses-devel    perl-devel
perl-ExtUtils-Embed openssl-devel -y
#获取 Nginx 安装包并进行解压
wget -c http://nginx.org/download/nginx-1.16.0.tar.gz
tar -zxvf nginx-1.16.0.tar.gz
#进入软件目录进行编译安装
cd nginx-1.16.0
./configure --with-http_ssl_module
make -j4 && make install
#新增 nginx 用户,并赋予目录权限
useradd nginx
chown nginx:nginx /usr/local/nginx
#查看 Nginx 的版本,并启动 Nginx
cd /usr/local/nginx/sbin/
./nginx -v
/usr/local/nginx/sbin/nginx
```

完成以上操作后,打开浏览器,在其地址栏中输入之前配置的云主机的弹性公网 IP 地址,并按"Enter"键,看看能否进入 Nginx 页面。Nginx 安装成功后的返回结果如图 11-8 所示。

图 11-8　Nginx 安装成功后的返回结果

3. MySQL 安装与配置

与安装 Nginx 类似,MySQL 的安装也需要先安装相应的依赖包,再对下载的安装包进行解压、编译、安装、测试。具体安装、配置部分可参考华为云官方文档。需要注意的是,安装完 MySQL 软件并启动服务后,要对数据库进行初始化操作,具体步骤可以查阅网站上的详细介绍。

4. PHP 安装与配置

使用 root 用户身份执行以下命令。

```
#执行以下命令，配置文件
cp /usr/local/php7.2.3/etc/php-fpm.d/www.conf.default /usr/local/php7.2.3/
etc/php-fpm.conf
cp /root/php-7.2.23/php.ini-development /usr/local/php7.2.3/etc/php.ini
#编辑文件并添加内容
vim ~/.bash_profile
#添加的内容如下
export
PATH=/usr/local/mysql/bin:/usr/local/php7.2.3/bin:/usr/local/php7.2.3/sbin:$PATH
#执行以下命令，使环境变量生效
source ~/.bash_profile
#执行以下命令，查看 php 和 php-fpm 的版本
php -v
php-fpm -v
```

命令执行成功后，返回图 11-9 所示的结果。

图 11-9　查看 php 和 php-fpm 的版本号

使用 root 用户身份执行以下命令，启动 php-fpm 并查看其进程，如图 11-10 所示。

```
/usr/local/php7.2.3/sbin/php-fpm
ps -ef |grep php
```

图 11-10　启动 php-fpm 并查看其进程

测试已经完成编译的 PHP 软件，执行以下命令，修改 Nginx 配置文件以支持 PHP 页面。

```
vim /usr/local/nginx/conf/nginx.conf
```

新增 index.php 并取消 PHP 配置注释，如图 11-11 和图 11-12 所示。

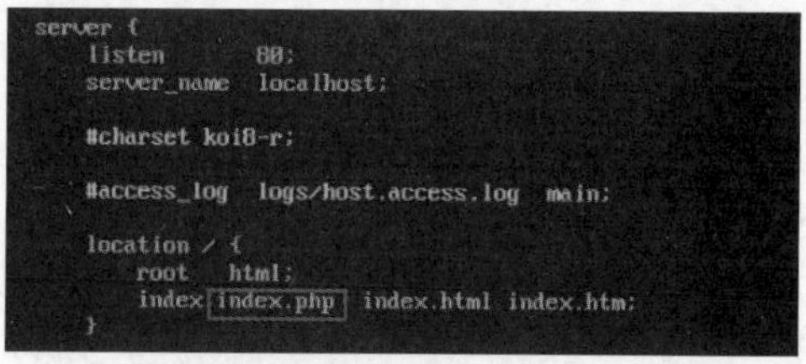

图 11-11　新增 index.php

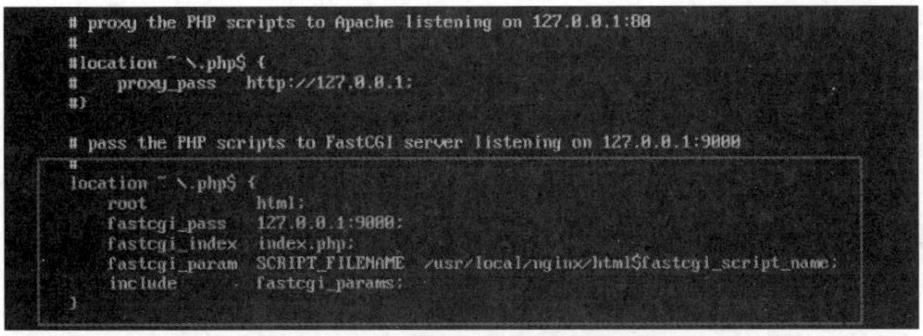

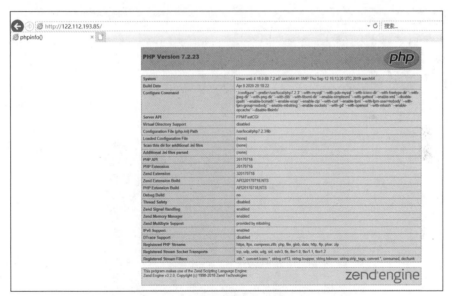

图 11-12　取消 PHP 配置注释

使用 root 用户身份执行以下命令，编写 PHP 测试页面。

```
vim /usr/local/nginx/html/index.php
#添加如下代码
<?php

        phpinfo();

?>
#执行以下命令，重启 nginx 服务
/usr/local/nginx/sbin/nginx -s reload
```

通过浏览器访问该云主机的弹性公网 IP 地址，若返回结果如图 11-13 所示，则说明 PHP 已安装成功。

图 11-13　PHP 安装成功后的返回结果

至此，LNMP 环境已搭建完成。任务中提到，该公司除有搭建 LNMP 基础环境的需求之外，还有两个需求，即对该环境进行负载均衡配置及个性化编写脚本页面呈现。接下来具体介绍实现这两个需求的操作。

5. Nginx 负载均衡配置

首先进行云主机相关配置。登录上述已经搭建好的 LNMP 的云主机，执行以下命令修改配置文件。

```
vim /usr/local/nginx/conf/nginx.conf
```

参考图 11-13，添加相应配置。

使用 root 用户身份执行以下命令，重新启动 nginx 服务。

```
/usr/local/nginx/sbin/nginx –s reload
```

进行 slave 云主机相关配置。登录 slave1 云主机，执行以下命令修改配置文件。

```
vim /etc/nginx/nginx.conf
```

参考图 11-14，添加相应配置。

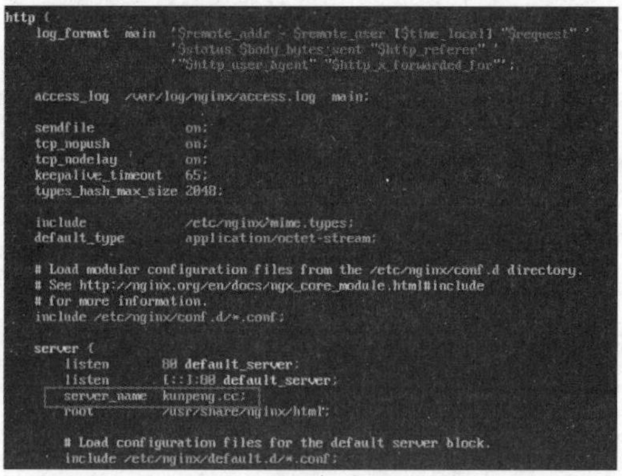

图 11-14　slave1 云主机 Nginx 配置文件

使用 root 用户身份执行以下命令，修改配置文件，并重启 nginx 服务。

```
echo "this is node1" > /usr/share/nginx/html/index.html
Systemctl restart nginx
```

同样，登录 slave2 云主机，执行以下命令修改配置文件。

```
vim /etc/nginx/nginx.conf
```

参考图 11-15，添加相应配置。

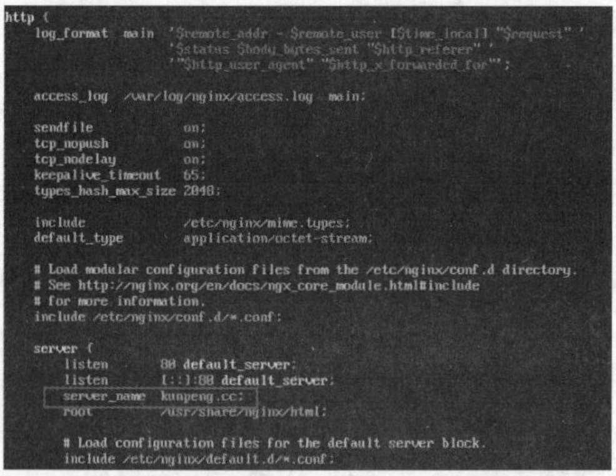

图 11-15　slave2 云主机 Nginx 配置文件

使用 root 用户身份执行以下命令，修改配置文件，并重启 nginx 服务。

```
echo "this is node2" > /usr/share/nginx/html/index.html
Systemctl restart nginx
```

修改本地的 host 文件。在 Windows 操作系统中，该文件路径为 "C:\Windows\System32\drivers\

etc"，host 文件新增内容如下（添加到文件末尾）。

```
122.112.193.85 kunpeng.cc
```

--说明：122.112.193.85 是云主机对应的弹性 IP 地址（Elastic IP Address，EIP）

之前的配置为轮询，这是默认策略，把每个请求分配到不同的服务器，如果分配到的服务器不可用，则分配到下一个，直到可用。打开浏览器，在其地址栏中输入 http://kunpeng.cc，按"Enter"键，不断刷新页面，可以看到页面在"this is node 1"和"this is node 2"之间切换。

接下来配置最少连接负载均衡。使用以下命令修改云主机的 Nginx 配置文件。如图 11-16 所示，即可实现负载均衡最少连接数算法配置。

```
vim /usr/local/nginx/conf/nginx.conf
```

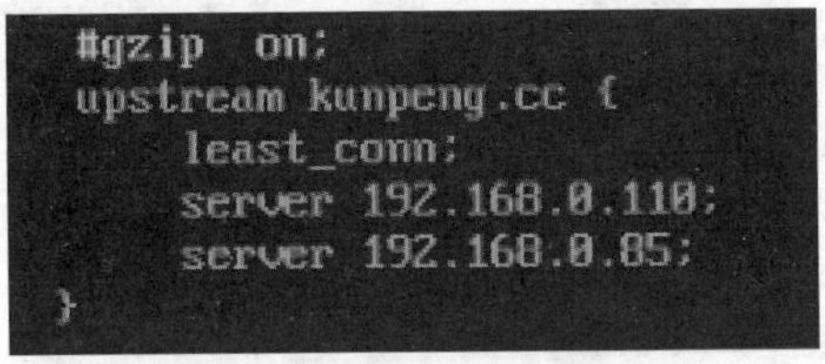

```
#gzip  on;
upstream kunpeng.cc {
    least_conn;
    server 192.168.0.110;
    server 192.168.0.85;
}
```

图 11-16　负载均衡最少连接数算法配置

使用 root 用户身份执行以下命令，重新启动 nginx 服务。

```
/usr/local/nginx/sbin/nginx -s reload
```

最少连接是指把请求分配到连接数最少的服务器。打开浏览器，在其地址栏中输入 http://kunpeng.cc，不断刷新页面，观察页面结果，可看到是根据当前连接数最少的主机进行分配的。

打开浏览器，在其地址栏中输入 http://kunpeng.cc，页面按照"this is node2"和"this is node1"的页面顺序进行刷新。

最后配置 ip_hash 负载均衡。使用以下命令修改云主机的 Nginx 配置文件。如图 11-17 所示，即可配置 ip_hash 负载均衡。

```
vim /usr/local/nginx/conf/nginx.conf
```

```
#gzip  on;
upstream kunpeng.cc {
    ip_hash;
    server 192.168.0.110;
    server 192.168.0.85;
}
```

图 11-17　配置 ip_hash 负载均衡

使用 root 用户身份执行以下命令，重新启动 nginx 服务。

```
/usr/local/nginx/sbin/nginx -s reload
```

ip_hash 负载均衡根据访问客户端 IP 地址的哈希值分配，这样同一客户端的请求都会被分配到同一个服务器上，如果涉及会话问题，则这是最好的选择。打开浏览器，在其地址栏中输入 http://kunpeng.cc，页面上的内容是不会变化的，因为是使用同一个 PC 的 IP 地址进行的访问。

6. PHP 脚本页面个性化呈现

使用一个简单的 PHP 页面来演示个性化页面呈现。登录上述已经搭建好的 LNMP 的云主机，使用 root 用户身份执行以下命令创建配置文件。

```
vim /usr/local/nginx/html/mysql.php
```

在该文件中添加下列内容。

```php
<?php
$link = mysqli_connect(
  'localhost', /* The host to connect to ..MySQL.. */
  'root',  /* The user to connect as ..MySQL... */
  '123456', /* The password to use ..MySQL.. */
  'mysql'); /* The default database to query .......*/
if (!$link) {
  printf("Can't  connect  to  MySQL  Server.  Errorcode:  %s  ",
mysqli_connect_error());
  exit;
}else
  echo 'The database is connected :)'. "<br/>";
if ($result = mysqli_query($link, 'SELECT Host,User,password_expired FROM user
')) {
echo(" Host\t  ||  User\t  || password_expired\t"). "<br/>";
echo '>>>>>>>>>>>>>>>>>>>>>>>>>>>>>>>>>>>>>>>>>>>>>'."<br/>";
/*获取查询结果....... */
while( $row = mysqli_fetch_assoc($result) ){
  echo $row["Host"]."\t", "||", $row["User"]."\t", "||", $row["password_expired"],
"<br/>";
  }
mysqli_free_result($result);
}
mysqli_close($link);
?>
```

在浏览器中验证 MySQL+PHP+Nginx 的集成效果，如图 11-18 所示，网址为 http://122.112.193.85/mysql.php。

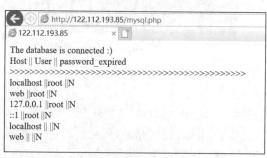

图 11-18　浏览器访问结果验证

至此，实现了在 LNMP 架构的环境中配置负载均衡并呈现简单的个性化页面的所有工作。11.1.3 节将介绍鲲鹏加速器的配置与调优。

11.1.3　鲲鹏加速器的配置与调优

本节将详细介绍基于鲲鹏架构的 Web 应用的特点，并介绍基于鲲鹏处理器的物理服务器和云服务器在部署上的差异，通过对鲲鹏加速器的配置与调优的实践，使读者深入了解该方案中独特的技术优势。

互联网的快速发展及 Web 用户数的大规模增长，网络数据的安全接入变得尤为重要。需要将 Web 数据传输从原来的明文传输转变为加密传输，即从 HTTP 变更为 HTTPS。HTTPS 是一种网络安全传输协议。在计算机网络上，HTTPS 经由 HTTP 进行通信，但是利用了 SSL/TLS 来加密数据包。由于非对称加密算法与对称加密算法相比，效率要低得多，因此非对称加密算法只在 HTTPS 的 SSL/TLS 握手阶段使用，而没有在 HTTPS 交互的全过程使用。RSA2048 算法是 SSL/TLS 握手阶段常用的非对称加密算法，其占用 CPU 进行计算，效率很低，计算开销如下：x86 CPU 的 1 个物理核的处理能力约为 650 次/秒，一台 x86 高端服务器的处理能力低于 20000 次/秒。从上面的计算开销可以看出，在运算过程中 CPU 性能瓶颈明显，因此业界普遍使用硬件加速方式对加密算法进行卸载，将单机性能提升到 80000～100000 次/秒。

加速引擎是 TaiShan 200 服务器基于华为鲲鹏 920 处理器提供的硬件加速架构，包含对称加密、非对称加密和数字签名、压缩/解压缩等算法，用于加速 SSL/TLS 应用和数据压缩，可以显著降低处理消耗，提高处理器效率。此外，加速引擎对应用层屏蔽了其内部实现细节，用户通过 OpenSSL、zlib 标准接口即可实现快速迁移现有业务。

如图 11-19 所示，左侧为传统 PCI-e 数据加密卡方案，明文数据通过 PCI-e 总线传输，有数据泄露风险；右侧为华为鲲鹏安全加密方案，鲲鹏处理器内置加解密引擎，不占用计算资源，同时，明文数据仅通过片内总线传输，密钥存储在安全区，只有特定进程能写入密钥（只能从 CPU 直接读入内存），加强了数据的安全性。

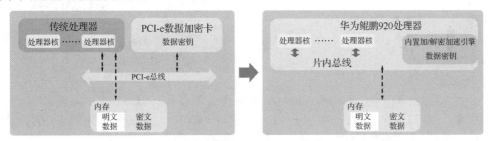

图 11-19　传统 PCI-e 数据加密卡方案与华为鲲鹏安全加密方案

鲲鹏处理器具有的 KAE 可以对 HTTPS 传输场景中的 SSL/TLS 加解密算法进行卸载，从而大幅提升 HTTPS 的处理性能。该加速方案主要对 HTTPS 请求处理中 SSL/TLS 握手时的非对称加/解密运算进行加速，如图 3-14 所示，加速主要通过 Nginx 异步调用 OpenSSL 的 KAE Engine 来实现，主要针对加密中的 RSA2048 算法运算进行硬件卸载。在性能规格方面，TaiShan 200 服务器（型号 2280）可以支持 100K OPS。目前 KAE 对外提供 OpenSSL API 和自定义 API 两种类型的接口，可以分别通过 Nginx 及用户自研软件进行应用。

如表 11-2 所示，加速器软件包有两种安装方式：RPM 安装与源码安装。本实践将介绍这两种安装方式的安装流程及主要步骤，具体可参考开发指南帮助文档。

表 11-2　加速器软件包安装方式

安装方式	RPM 安装	源码安装
安装说明	为了方便用户使用，提供部分商用操作系统的 RPM 安装包，RPM 可用于管理 Linux 各项套件的程序，可以使用 rpm --help 命令获得更多帮助	通用的源码安装方式，使用 configure 命令进行编译及安装配置，使用 make 命令进行源码编译，使用 make install 命令进行安装
优点、缺点	优点：安装后可以直接使用，不需要编译及安装等操作。 缺点：支持范围有限，目前只支持 SUSE 15.1、CentOS 7.6 及 EulerOS 2.8	优点：支持范围广，支持大部分 Linux 操作系统，支持修改源码进行编译及安装。 缺点：操作复杂，需要做一些额外的配置

RPM 安装流程如图 11-20 所示。

（1）将加速器软件包复制到安装目录下。

安装前确认 OpenSSL 1.1.1a 及以上版本已正确安装。

（2）安装加速器软件包。

使用 root 用户身份执行以下命令安装加速器软件包，这里以 uacce 为例进行说明。

```
[root@localhost home]# rpm -ivh uacce-1.0.1-1.centos7.6.
aarch64.rpm
...
 [100%]
modules installed
```

参考上述步骤，依次安装 hisi_hpre、hisi_sec2、hisi_rde、hisi_zip 驱动软件包和 libwd、libkae 引擎软件包。

（3）安装检查。

使用以下命令查看加速器软件包。

```
[root@localhost home]# rpm -qa |grep uacce
uacce-1.0.1-1.centos7.6.aarch64 //显示该格式内容时说明安装成功
```

源码安装流程如下。

① 使用远程登录工具，将 KAE 源码包复制到自定义路径下。源码包中的代码包含内核驱动、用户态驱动、基于 OpenSSL 的 KAE 和 zlib 这 4 个模块。其中，内核驱动与用户态驱动为安装必选项，KAE 与 zlib 按实际需求选择安装。

② 使用 SSH 远程登录工具，以 root 用户身份进入 Linux 操作系统命令行界面。

③ 安装内核驱动。在 KAE 的 driver 源码目录下，进入 kae_driver 目录后开始安装内核驱动，命令如下。

```
cd kae_driver
make
make install
```

编译加速器驱动生成 uacce.ko、hisi_qm.ko、hisi_sec2.ko、hisi_hpre.ko、hisi_zip.ko、hisi_rde.ko，安装路径为"lib/modules/'uname -r'/extra"。

④ 安装用户态驱动。在 KAE 的 driver 源码目录下，进入 warpdrive 目录后开始安装 Warpdrive 驱动开发库，命令如下。

图 11-20　RPM 安装流程

```
cd warpdrive
sh autogen.sh
./configure
make
make install
```

其中，执行编译命令./configure 时可以加--prefix 选项以指定加速器用户态驱动需要安装的位置，用户态驱动动态库文件为 libwd.so。Warpdrive 默认安装路径为/usr/local，动态库文件在目录/usr/local/lib 下。KAE 需要使用 OpenSSL 的动态库与 Warpdrive 的动态库。Warpdrive 源码安装路径需要与 OpenSSL 安装路径保持一致，以使 KAE 可以通过 LD_LIBRARY_PATH 同时找到这两个动态库。

（4）重启系统或通过命令行手动依次加载加速器驱动到内核中，并查看是否加载成功。

① 查询已载入内核的 uacce 驱动模块，命令如下。

```
lsmod | grep uacce
```

② 加载 uacce 驱动，命令如下。

```
modprobe uacce
```

③ 加载 hisi_sec2 驱动，将/etc/modprobe.d/hisi_sec2.conf 下的配置文件加载到内核中，命令如下。

```
modprobe hisi_sec2
```

④ 加载 hisi_hpre 驱动，将/etc/modprobe.d/hisi_hpre.conf 下的配置文件加载到内核中，命令如下。

```
modprobe hisi_hpre
```

⑤ 加载 hisi_rde 驱动，将/etc/modprobe.d/hisi_rde.conf 下的配置文件加载到内核中，命令如下。

```
modprobe hisi_rde
```

⑥ 再次查询已载入内核的 uacce 驱动模块，命令如下。

```
lsmod | grep uacce
```

如显示以下加载模块，则表示加载成功。

```
uacce              36864  3 hisi_sec2,hisi_qm,hisi_hpre,hisi_rde
```

（5）编译、安装加速器 KAE，命令如下。

```
cd KAE
chmod +x configure
./configure
make clean && make
make install
```

其中，执行./configure 命令时可以加--prefix 选项以指定 KAE 的安装路径，KAE 动态库文件为 libkae.so。

推荐通过默认方式安装 KAE。默认安装路径为/usr/local，动态库文件目录为/usr/local/lib/engines-1.1。

（6）安装后检查。

执行 cd 命令，进入/usr/local/lib 目录或者用户自定义安装目录下。

查看 libwd 软连接状态，命令如下。

```
ls -al /usr/local/lib/ |grep libwd
```

若显示以下软连接及 so 文件，则说明 libwd 安装成功。

```
lrwxrwxrwx. 1 root root     14 Jun 25 11:16 libwd.so -> libwd.so.1.0.1
```

```
lrwxrwxrwx. 1 root root      14 Jun 25 11:16 libwd.so.0 -> libwd.so.1.0.1
-rwxr-xr-x. 1 root root 137280 Jun 24 11:37 libwd.so.1.0.1
```

查看 KAE 软连接状态，命令如下。

```
ls -al /usr/local/lib/engines-1.1/
```

若显示以下软连接及 so 文件，则说明 KAE 安装成功。

```
lrwxrwxrwx. 1 root root      48 Jun 25 11:21 kae.so -> /usr/local/openssl/lib/
engines-1.1/kae.so.1.0.1

lrwxrwxrwx. 1 root root      48 Jun 25 11:21 kae.so.0 -> /usr/local/openssl/lib/
engines-1.1/kae.so.1.0.1

-rwxr-xr-x. 1 root root 212192 Jun 24 11:37 kae.so.1.0.1
```

查看虚拟文件系统下对应的加速器设备，命令如下。

```
ls -al /sys/class/uacce/
```

结果显示如下。

```
total 0
lrwxrwxrwx. 1 root root 0 Nov 14 03:45 hisi_hpre-2 -> ../../devices/pci0000:78/
0000:78:00.0/0000:79:00.0/uacce/hisi_hpre-2

lrwxrwxrwx. 1 root root 0 Nov 14 03:45 hisi_hpre-3 -> ../../devices/pci0000:b8/
0000:b8:00.0/0000:b9:00.0/uacce/hisi_hpre-3

lrwxrwxrwx. 1 root root 0 Nov 17 22:09 hisi_rde-4 -> ../../devices/pci0000:78/
0000:78:01.0/uacce/hisi_rde-4

lrwxrwxrwx. 1 root root 0 Nov 17 22:09 hisi_rde-5 -> ../../devices/pci0000:b8/
0000:b8:01.0/uacce/hisi_rde-5

lrwxrwxrwx. 1 root root 0 Nov 14 08:39 hisi_sec-0 -> ../../devices/pci0000:74/
0000:74:01.0/0000:76:00.0/uacce/hisi_sec-0

lrwxrwxrwx. 1 root root 0 Nov 14 08:39 hisi_sec-1 -> ../../devices/pci0000:b4/
0000:b4:01.0/0000:b6:00.0/uacce/hisi_sec-1
```

通过 OpenSSL 命令验证加速器是否生效。这里以验证 RSA 性能为例进行说明，命令如下。

```
[root@localhost rpm]# cd /usr/local/bin/
[root@localhost bin]# ./openssl speed rsa2048
                sign      verify    sign/s verify/s
rsa 2048 bits 0.001381s 0.000035s    724.1 28601.0
[root@localhost bin]# ./openssl speed -engine kae rsa2048
engine "kae" set.
                sign      verify    sign/s verify/s
rsa 2048 bits 0.000175s 0.000021s   5730.1 46591.8
```

通过 RSA 性能验证可以看到，指定 KAE 之后，RSA 的性能明显提升。另外，除上述方法外，在执行 RSA 性能验证命令过程中，还可以在新的终端上查看 HPRE 加速器的硬件队列资源情况，命令如下。

```
cat /sys/class/uacce/hisi_hpre-*/attrs/available_instances
```

结果显示从 256 变为 255，说明 RSA 计算消耗了 HPRE 加速器的一个硬件单元队列，说明 KAE 已生效。

```
256
255
```

11.2　基于鲲鹏架构的 Web 应用实践 2

通过 11.1 节的实际案例及实际操作，读者应该对典型的 Web 架构模式及基于鲲鹏架构的加速器有了进一步了解。其中，使用 Nginx 实现的负载均衡配置及鲲鹏加速器的配置，都是基于鲲鹏架构 Web 应用实践典型方案的组成部分，用以应对互联网公司不同的业务场景。除此之外，Memcached 作为基于鲲鹏架构的 Web 应用的重要一环，为整个系统架构的高效运行提供了支撑。本节将主要阐述鲲鹏架构基于 Memcached 的应用场景。

在 11.1.2 节中，已经完成了以 Nginx 作为负载均衡器的实际部署及配置工作，这里对其架构及特点进行简单阐述。一般较大的网站都会部署负载均衡及反向代理服务器，而最常见及性能最好的就是 Nginx。Nginx 作为反向代理服务器时用于接收客户端请求，选择一个实际的被代理服务器转发这个请求，获取响应后再返回给这个客户端。在这一过程中需要维持两个连接信息，即客户端与反向代理服务器，以及反向代理服务器与实际服务器，以保证响应消息可以原路返回，从而对用户只呈现反向代理服务器地址，不用将所有服务器地址都对外暴露。在作为反向代理服务器的同时，Nginx 通过 upstream 配置就可以实现负载均衡的功能，在收到一个请求后，可以从 upstream 配置的服务器集群中按照一定的策略选择一个实际服务器来处理请求，这一过程就是负载均衡，如图 11-21 所示。采用负载均衡可以使整个系统的业务处理能力横向扩展。TaiShan 服务器可以作为 Web 反向代理、负载均衡服务器，利用鲲鹏处理器提供的多核能力，可提供更强的 Web 请求及转发能力。

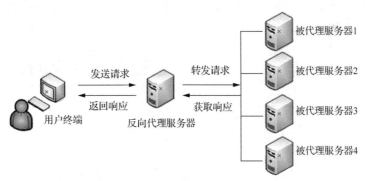

图 11-21　负载均衡原理示意

以 Nginx 作为 Web 反向代理或负载均衡服务器的方案有以下两个特点：第一，线性扩展和弹性。服务器可以部署成反向代理集群或者负载均衡集群，并支持对集群进行线性扩展；第二，高性能。通过优化配置、调优系统参数，可发挥鲲鹏处理器多核的优势，从而提供更好的性能。

除使用 Nginx 作为负载均衡服务器以外，Memcached 作为 Web 内存缓存服务器也是基于鲲鹏架构的 Web 应用的一个重要组件。

Memcached 是一个高性能的分布式内存对象缓存系统，用于动态 Web 应用以减轻数据库负载。其一般的使用目的是，通过在内存中缓存数据和对象来减少读取数据库的次数，从而提高动态 Web

应用的速度及可扩展性。

图 11-22 展示了用户从发起请求到请求响应的整个过程。当用户首次发起请求获取某数据时，Memcached 中并不会有该数据及相关信息，用户需要从后端数据库获得该数据。同时，Memcached 会对该数据进行缓存。当用户再次发起请求获取相同数据时，用户所请求的数据不需要从后端数据库获取，而是由 Memcached 进行响应，将所需数据向用户侧返回，从而达到减少读取数据库的次数、提高 Web 应用速度的目的。

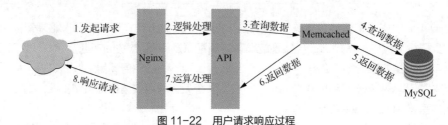

图 11-22　用户请求响应过程

Memcached 的特点如下。

（1）协议简单：Memcached 的服务器客户端通信并不使用复杂的 XML 等格式，而是使用简单的基于文本行的协议。

（2）支持多种消息处理：Memcached 使用基于 Libevent 的消息处理机制，Libevent 支持多种系统的消息处理。

（3）数据存储于内存：Memcached 中保存的数据都存储在 Memcached 内置的内存中，因此重启 Memcached、重启操作系统会导致全部数据消失。另外，内容容量达到指定值之后，会基于最近最少使用（Least Recently Used，LRU）算法自动删除不使用的缓存。Memcached 本身是为缓存而设计的服务器，因此并没有过多考虑数据的永久性问题。

（4）服务器端不互相通信的分布式：各个 Memcached 服务器不会互相通信以共享信息，而是通过客户端的算法进行通信。

Memcached 支持物理机和虚拟机方式部署，由于 Memcached 存储全部在内存中，几乎没有磁盘 I/O 访问，因此访存能力对性能影响较大，而鲲鹏处理器支持 DDR4 的 8 通道访问，因此具有较大的性能优势。同时，在大规格虚拟机和物理机场景下，华为鲲鹏处理器的多核优势有较好的表现，能够大幅提升 Memcached 的性能。

第12章

基于鲲鹏智能计算平台的
深度学习案例实践

学习目标

- 理解昇腾 AI 处理器的加速原理
- 掌握基于昇腾 AI 处理器的深度学习应用开发流程

AI 模型的训练和推理涉及大量数学运算，这些都需要算力的支撑，传统算力芯片（如 CPU、GPU）主要面向通用计算场景设计，对于 AI 场景下的数学运算，特别是矩阵运算的计算效率并不高。目前主流的深度学习模型参数量较大，使用传统算力芯片存在成本高、效率低的问题，因此业界对于 AI 场景下的高性能加速芯片有着巨大需求。华为不仅推出了面向通用计算场景的鲲鹏处理器，也推出了面向 AI 场景的昇腾 AI 处理器。基于鲲鹏处理器和昇腾 AI 处理器的计算平台为开发者提供了强大算力支持。

本章将介绍如何在搭载了鲲鹏处理器和昇腾 AI 处理器的鲲鹏智能计算平台上实现深度学习的案例。

12.1 鲲鹏智能计算平台

鲲鹏智能计算平台不仅搭载了鲲鹏处理器，负责通用计算任务，还搭载了昇腾 AI 处理器，负责 AI 相关的计算任务，结合昇腾软件栈提供的一系列软件开发工具为各场景下的 AI 应用提供灵活且强大的算力支持。

12.1.1 昇腾 AI 处理器

华为在 2018 年 10 月发布了 910 和 310 两款昇腾 AI 处理器，如图 12-1 所示。昇腾 910 处理器主要用于深度学习模型训练场景，可以为模型训练提供强大算力。昇腾 910 芯片采用 7nm 先进工艺，单芯片计算密度在业内领先，是同时代的英伟达 Tesla V100 GPU 的两倍，16 位浮点数（FP16）算力达到 256TFLOPS，8 位整数（INT8）算力达到 512TOPS，同时支持 128 位通道全高清视频解码（H.264/H.265）。

昇腾 310 处理器主要用于模型推理场景。推理场景对算力的需求相对较小，昇腾 310 芯片采用 12nm 制造工艺，最大能耗仅为 8W，16 位浮点数（FP16）算力达到 8TFLOPS，8 位整数（INT8）

算力达到 16TOPS，支持 16 位通道全高清视频解码，可以很好地满足边缘计算产品和移动端设备进行模型推理的算力需求。

图 12-1　昇腾 AI 处理器 910 和 310

昇腾 AI 处理器使用华为自研的达·芬奇架构，针对深度神经网络大量矩阵运算的特点，设计了高性能的 3D Cube 矩阵计算单元，每个矩阵计算单元在一个时钟周期内可以完成 4096 次乘加计算，再结合向量计算单元和标量计算单元，可以非常灵活且高效地完成各种运算。

达·芬奇架构使用了统一硬件架构，可以进行多核灵活扩展以适应不同应用场景。一次开发可支持多场景部署、迁移和协同，统一的架构提升了上层软件开发效率，也带来了能耗上的优势。达·芬奇架构可以支持能耗从几十毫瓦到几百瓦的芯片，可灵活应对不同场景，满足性能与能耗的需求。

除搭载基于达·芬奇架构的 AI 加速模块外，昇腾 AI 处理器还搭载了硬件级别的图像处理模块，可以快速完成常见的图像预处理操作，如图片编/解码、缩放、色域转换等。此外，昇腾 AI 处理器还拥有高效的缓存系统和丰富的 I/O 接口，能灵活应对各场景下的计算需求，为各场景下的 AI 应用提供强劲的基础算力。

12.1.2　鲲鹏 AI 计算服务器

基于鲲鹏处理器强大的通用计算性能和昇腾 AI 处理器强大的 AI 加速性能，各个鲲鹏生态厂家相继推出了搭载鲲鹏处理器和昇腾 AI 处理器的服务器产品。

其中，华为的 Atlas 800 训练服务器（型号为 9000）是基于鲲鹏 920 和昇腾 910 处理器的 AI 训练服务器，具有极强算力密度、超高能效与高速网络带宽等特点。该服务器广泛应用于深度学习模型开发和训练，适用于智慧城市、智慧医疗、天文探索、石油勘探等需要大算力的行业领域。

Atlas 800 推理服务器（型号为 3000）是基于鲲鹏 920 处理器的服务器，可支持 8 个 Atlas 300I 推理卡（型号为 3000），可提供强大的实时推理能力。

鲲鹏 AI 推理加速型实例 kAi1s 是以昇腾 310 芯片为加速核心的 AI 加速型云服务器，如图 12-2 所示；基于昇腾 310 芯片低能耗、高算力的特性，实现了能效比的大幅提升，助力 AI 推理业务的快速普及；通过鲲鹏 AI 推理加速型实例 kAi1s 将昇腾 310 芯片的计算加速能力在公有云上开放出来，方便用户快速、简捷地使用昇腾 310 芯片强大的处理能力。鲲鹏 AI 推理加速型云服务器可用于机器视觉、语音识别、自然语言处理通用技术，支撑智能零售、智能园区、机器人云大脑、平安城市等场景。

	规格名称	vCPUs | 内存 ↓≣	CPU ↓≣	基准 / 最大带宽 ⑦ ↓≣	内网收发包 ⑦ ↓≣	特性
○	kai1s.2xlarge.1	8vCPUs | 8GB	Huawei Kunpeng 920 2.6GHz	1.5 / 4 Gbit/s	400,000	'2 * HUAWEI Ascend 310'
○	kai1s.3xlarge.2	12vCPUs | 24GB	Huawei Kunpeng 920 2.6GHz	4 / 8 Gbit/s	1,000,000	'4 * HUAWEI Ascend 310'
○	kai1s.4xlarge.1	16vCPUs | 16GB	Huawei Kunpeng 920 2.6GHz	3 / 6 Gbit/s	800,000	'4 * HUAWEI Ascend 310'
○	kai1s.4xlarge.2	16vCPUs | 32GB	Huawei Kunpeng 920 2.6GHz	6 / 10 Gbit/s	1,400,000	'6 * HUAWEI Ascend 310'
○	kai1s.6xlarge.2	24vCPUs | 48GB	Huawei Kunpeng 920 2.6GHz	8 / 12 Gbit/s	2,000,000	'8 * HUAWEI Ascend 310'

（AI加速型 / 鲲鹏通用计算增强型 / 鲲鹏内存优化型 / 鲲鹏超高IO型 ⑦）

图 12-2　鲲鹏 AI 推理加速型实例 kAi1s

12.2　基于昇腾 AI 处理器的口罩检测案例实践

12.2.1　任务概述

在食品、医疗、化工等行业，为保障食品安全及员工身体健康，防止有害细菌、病毒、有毒化学物质在空气中传播对人体造成损伤，让相关人员佩戴口罩是有效手段之一。传统人工检查是否佩戴口罩的方式效率较低且容易出现疏漏的情况。因此，在相关行业部署自动口罩检测应用有着重大意义。

训练并部署口罩检测模型对算力有较高需求，鲲鹏智能计算平台基于鲲鹏处理器和昇腾 AI 处理器提供灵活且高效的算力支持，可以方便高效地训练、部署口罩检测模型。本案例将探索基于昇腾 AI 服务器完成口罩检测模型的训练及部署。

本案例包含以下两个任务。

（1）基于 Atlas 服务器的口罩检测模型训练，模型训练部分对算力有较高的要求，搭载了鲲鹏 920 CPU 和昇腾 910 AI 处理器的 Atlas 系列训练服务器可以高效地完成训练过程。

（2）基于 kAi1s 的口罩检测模型推理部署，边缘侧的 AI 模型推理部署需要平衡算力和能耗，搭载了鲲鹏 920 CPU 和昇腾 310 AI 处理器的 kAi1s 云服务器可以很好地满足推理部署对性能和能耗的要求。

12.2.2　基于 Atlas 服务器的口罩检测模型训练

基于 Atlas 服务器的口罩检测模型训练流程如图 12-3 所示。

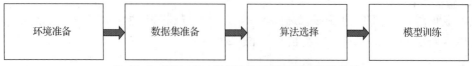

图 12-3　基于 Atlas 服务器的口罩检测模型训练流程

1. 环境准备

（1）安装驱动。要想在搭载鲲鹏处理器和昇腾 AI 处理器的服务器上训练深度学习模型，首先要安装相关的驱动、软件，具体可参考相应的产品文档，如图 12-4 所示。

图 12-4　Atlas 800 训练服务器产品文档

（2）获取训练环境下的 Docker 镜像驱动并安装完毕后，还需要安装 TensorFlow 等软件环境，昇腾社区提供内置训练环境的 Docker 镜像，可以通过 Docker 镜像启动训练环境。Docker 镜像获取界面如图 12-5 所示。

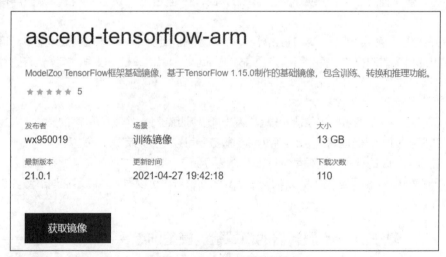

图 12-5　Docker 镜像获取界面

2. 数据集准备

本案例使用已标注好的口罩检测数据集，其中包含 500 张已标注图片用于训练、验证，8 张未标注图片用于在线测试。口罩检测数据样例如图 12-6 所示。

图 12-6　口罩检测数据样例

　　标签数据为 XML 格式，标注信息包括检测框的类别（person、face、mask），以及检测框的坐标（分别是左上角的 x 坐标，左上角的 y 坐标，右下角的 x 坐标及右下角的 y 坐标）。标签数据样例如下。

```xml
<object>
    <name>person</name>
    <bndbox>
        <xmin>11</xmin>
        <ymin>722</ymin>
        <xmax>349</xmax>
        <ymax>1045</ymax>
    </bndbox>
</object>
<object>
    <name>face</name>
    <bndbox>
        <xmin>623</xmin>
        <ymin>545</ymin>
        <xmax>730</xmax>
        <ymax>688</ymax>
    </bndbox>
</object>
<object>
    <name>mask</name>
    <bndbox>
        <xmin>642</xmin>
        <ymin>610</ymin>
        <xmax>730</xmax>
        <ymax>685</ymax>
    </bndbox>
</object>
```

3. 算法选择

目标检测是计算机视觉任务中常见的一类任务。目标检测任务不仅要判断目标的类别，还要定位目标的位置。如图 12-7 所示，在本案例中，不仅要判断目标的类别，包括人（person）、脸（face）、口罩（mask），还要定位目标框的位置。

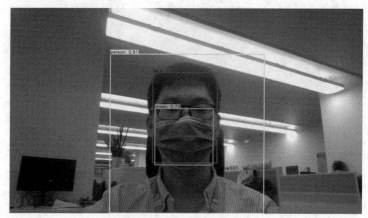

图 12-7　口罩检测输出样例

实现目标检测的算法有很多，经典的深度学习算法包括更快的区域卷积神经网络（Faster Region-based Convolutional Neural Network，Faster R-CNN）、YOLO（You Only Look Once）、单次多边框检测（Single Shot Multibox Detector）等。其中，YOLO 算法因为很好地平衡了检测效果和检测效率而被工业界广泛使用。YOLO 算法的字面意思为"你只需观测一次"，这体现了 YOLO 算法的核心思想。相较于 R-CNN 系列二阶段检测算法的目标定位和目标类别判定是在两个阶段先后完成的，YOLO 算法在输出层同时输出目标的位置和目标的类别，这能带来效率上的明显提升。

YOLOv3 是 YOLO 算法演进的第 3 个版本，也是目前应用得最多的版本之一。YOLOv3 的精度稍好于 SSD，比 RetinaNet 差，但是速度是 SSD、RetinaNet、Faster R-CNN 的 2 倍以上。YOLOv3 处理单张输入尺寸为 320 像素×320 像素的图片仅需 22ms，可以很好地满足实际生产环境对实时性的要求。

4. 模型训练

在配置好软件环境后，便可在鲲鹏智能计算平台上进行代码编写、调测、运行。此处以 TensorFlow 为例编码实现 YOLOv3 模型，并启动训练。

YOLOv3 训练源码可从昇腾社区获取，如图 12-8 所示。

图 12-8　YOLOv3 训练源码

其代码结构如下。

```
├── 00-access
    ├── args_multi.py                          # 多尺度参数配置文件
    ├── args_single.py                         # 单尺度参数配置文件
    ├── coco_minival_anns.py                   # coco 验证集标注生成脚本
    ├── coco_trainval_anns.py                  # coco 训练集标注生成脚本
    ├── convert_weight.py                      # Darknet 预训练模型转 ckpt 脚本
    ├── data          # 包含训练使用的预训练模型、训练集标注、验证集标注、anchor、类别名称
    ├── Dockerfile                             # Dockerfile 文件
    ├── docker_start.sh                        #Docker 场景启动容器脚本
    ├── docs                                   # 说明文档
    ├── eval_coco.py                           # 计算 coco mAP 的脚本
    ├── eval.py                                # 测试脚本
    ├── eval.sh                                # 测试启动脚本
    ├── frozen_graph.py                        # 模型冻结脚本
    ├── get_kmeans.py                          # 生成 anchor 的脚本
    ├── hccl_config                            # 包含不同卡数下的 hccl 配置文件
    ├── infer_from_pb.py                       # 在线推理脚本
    ├── LICENSE                                # LICENSE 文件
    ├── misc                                   # 源码包含，未使用
    ├── modelarts                              #  modelarts 适配文件夹
    ├── model.py                               # 模型构建文件
    ├── npu_train_1p_multi.sh                  # 单卡多尺度训练启动脚本
    ├── npu_train_1p_single.sh                 # 单卡单尺度训练启动脚本
    ├── npu_train_8p_multi.sh                  # 8 卡多尺度训练启动脚本
    ├── npu_train_8p_single.sh                 # 8 卡单尺度训练启动脚本
    ├── npu_train.sh                           # 环境变量设置，执行 run_yolov3.sh 文件
    ├── npu_train_wort.sh                      # 环境变量设置，执行 run_yolov3.sh 文件
    ├── README.md                              # README 说明文档
    ├── README_raw.md                          # 原始仓 README 说明文档
    ├── requirements.txt                       # Python 的 requirements 文件
    ├── run_yolov3.sh                          # 启动 train.py
    ├── test_single_image.py                   # 测试一张图片
    ├── train.py                               # 构建训练脚本
    ├── utils                                  # 工具包，包括数据预处理、nms 等脚本
    ├── video_test.py                          # 源码包含，未使用
    └── yolov3_tf_aipp.cfg                     # om 模型转换 aipp 配置
```

（1）启动训练任务，命令如下。

```
bash npu_train_1p_single.sh
```

（2）测试集评估，命令如下。

```
bash eval.sh
```

（3）模型导出。将训练生成的 TensorFlow checkpoint 模型文件导出为独立的 pb 格式的文件。pb 是一种序列化格式，具有语言独立性，可独立运行，任何语言都可以解析它。将模型文件转换成 pb 文件后，后续的模型转换及推理操作可以脱离原有的 TensorFlow 框架。

```
python frozen_graph.py --ckpt_path=./training/t1/D0/model-final_step_182000_
loss_20.7885_lr_0
```

12.2.3　基于 kAi1s 的口罩检测模型推理部署

基于 kAi1s 的口罩检测模型推理部署流程如图 12-9 所示。

图 12-9　基于 kAi1s 的口罩检测模型推理部署流程

1. 环境准备

kAi1s 是搭载了鲲鹏处理器和昇腾 310 AI 处理器的云服务器，提供了完整的软硬件开发环境，可以在 kAi1s 上方便地进行 AI 推理应用的开发和测试。

kAi1s 的配置可参考华为云的官方文档，如图 12-10 所示。

图 12-10　华为云的官方文档

2. 模型转换

开源深度学习框架如 TensorFlow、PyTorch、Caffe 训练导出的模型不能直接在搭载昇腾芯片的硬件上进行推理。昇腾软件栈提供了昇腾算子编译器（Ascend Tensor Compiler，ATC），用于将开源深度学习框架的网络模型转换为昇腾 AI 处理器支持的离线模型。

ATC 工具不仅可以完成对昇腾 AI 处理器的适配，还可以在转换过程中实现算子调度的优化、权值数据重排、内存使用优化等，可以脱离设备完成模型的预处理。

本案例中使用 ATC 工具将 TensorFlow 训练出的 pb 格式的口罩检测模型转换为昇腾芯片支持的 om 格式的离线模型，转换命令如下。

```
atc --framework=3 --model="/home/Ascend/projects/mask_detection/model/yolov3_
mask_100.pb" --input_shape="input_data:1,416,416,3" --input_format=NHWC --output=
```

```
"/home/Ascend/projects/mask_detection/model/yolov3_mask_100" --soc_version=
Ascend310
```

转换成功后会生成对应的 om 格式的模型文件，如图 12-11 所示。

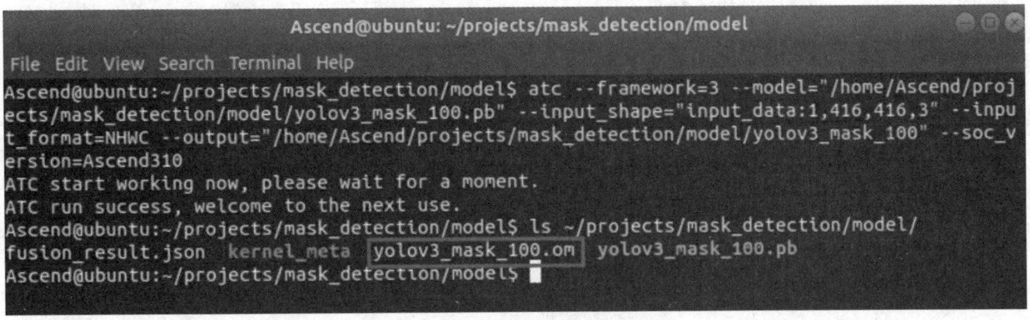

图 12-11　om 格式的模型文件

3. 算子开发

在神经网络中，所有的运算操作，如加、减、乘、除、卷积、全连接、激活函数等都称为算子。模型转换的过程就是把开源框架定义的算子适配到昇腾 AI 处理器的过程，使转换后的模型能够在昇腾 AI 处理器上运行。

当遇到算子库不支持的算子或想提高算子性能的时候，可以使用昇腾软件栈提供的张量加速引擎（Tensor Boost Engine，TBE）来进行自定义算子的开发。通过 TBE 进行算子开发有以下两种方式。

（1）领域特定语言。领域特定语言（Domain-Specific Language，DSL）对外提供高阶封装接口，开发者仅需要使用 DSL 接口完成计算过程的表达，后续的计划创建、优化及编译都可通过已有接口一键完成，适合初级开发者。DSL 开发的算子性能可能较低。

（2）张量迭代内核。张量迭代内核（Tensor Iterator Kernel，TIK）对外提供底层的封装接口，提供对缓存的管理和数据自动同步机制，需要开发者手动计算数据的分片和索引，这要求开发者对达·芬奇架构有一定的了解，入门难度更高。TIK 对矩阵的操作更加灵活，性能更优。

DSL 和 TIK 的开发流程在本质上是一样的，只不过抽象层次不一样。

基于 TBE 的 DSL 实现的自定义算子的代码结构如下。

```python
# 导入依赖的 Python 模块
from tbe import dsl
from tbe import tvm
from tbe.common.utils import para_check
from tbe.common.utils import shape_util
# 若有其他的 Python 依赖，则需自行导入


# 算子计算函数
# 装饰器函数 tbe.common.register.register_op_compute()可选，若算子实现逻辑中涉及
# reshape 操作，则不可使用此装饰器函数
@tbe.common.register.register_op_compute("add",op_mode="static")
def add_compute(input_x, input_y, output_z, kernel_name="add"):
```

```
    """
    算子计算逻辑实现
    """
# 算子定义函数
@para_check.check_op_params(para_check.REQUIRED_INPUT,
para_check.REQUIRED_INPUT, para_check.REQUIRED_OUTPUT,para_check.KERNEL_NAME)
    def add(input_x, input_y, output_z, kernel_name="add"):

    """
    算子校验（可选）
    为输入 tensor 占位
    """

    res = add_compute(data_x, data_y, output_z, kernel_name) # 调用算子计算函数

    # 自动调度
    with tvm.target.cce():
        schedule = dsl.auto_schedule(res)
    # 算子编译
    config = {"print_ir": False,
            "name": kernel_name,
            "tensor_list": (data_x, data_y, res)}
dsl.build(schedule, config)
```

基于 TBE 的 DSL 的自定义算子开发流程通常有 4 个步骤：定义输入占位符、编写计算逻辑、自动调度和算子编译。在本案例中，所有算子均可正常转换，没有不支持的算子，更多自定义算子开发的内容可查阅相关开发者文档。

4. 模型推理

基于昇腾 AI 处理器的模型推理过程如图 12-12 所示。首先需要初始化相关系统内部资源；其次要加载离线 om 模型，om 模型及系统资源准备好后，读入图片或视频数据并进行相应的预处理；再次要将其输入模型中进行推理，得到模型的输出；最后进行后处理解析模型输出，得到最终结果。

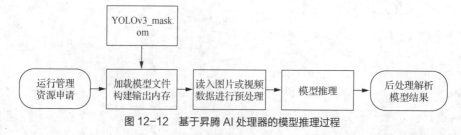

图 12-12　基于昇腾 AI 处理器的模型推理过程

昇腾软件栈提供了一套昇腾计算语言（Ascend Computing Language，ACL）接口，以便管理和

使用昇腾软硬件计算资源，并进行机器学习相关计算。使用 ACL 接口可以快速完成推理代码的编写，无须关注底层的硬件细节。目前，ACL 接口提供 C++和 Python 两种编程语言接口。

下面以 Python 编程语言接口为例介绍基于昇腾 AI 处理器的模型推理过程。

（1）运行资源管理，具体代码如下。

```python
class AclResource(object):
    def __init__(self, device_id=0):
        self.device_id = device_id
        self.context = None
        self.stream = None
        self.run_mode = None
        self.other_resource_list = []


    def init(self):
        print("[Sample] init resource stage:")
        ret = acl.init()
        check_ret("acl.rt.set_device", ret)


        ret = acl.rt.set_device(self.device_id)
        check_ret("acl.rt.set_device", ret)


        self.context, ret = acl.rt.create_context(self.device_id)
        check_ret("acl.rt.create_context", ret)


        self.stream, ret = acl.rt.create_stream()
        check_ret("acl.rt.create_stream", ret)


        self.run_mode, ret = acl.rt.get_run_mode()
        check_ret("acl.rt.get_run_mode", ret)


        print("Init resource success")

    def register_resource(self, resource):
        self.other_resource_list.append({DICT_KEY_RESOURCE:resource,
                               DICT_KEY_STATUS:DICT_VAL_REG})


    def unregister_resource(self, resource):
        for i in range(len(self.other_resource_list)):
            if self.other_resource_list[i] == resource:
                self.other_resource_list[i][DICT_KEY_STATUS] = DICT_VAL_UNREG
```

```
            break

    def __del__(self):
        print("Release acl resource, ", len(self.other_resource_list))
        for i in range(len(self.other_resource_list)):
            print("Start relase resource ", i)
            if self.other_resource_list[i][DICT_KEY_STATUS] == DICT_VAL_REG:
                del self.other_resource_list[i][DICT_KEY_RESOURCE]

        if self.stream:
            acl.rt.destroy_stream(self.stream)
        if self.context:
            acl.rt.destroy_context(self.context)
        acl.rt.reset_device(self.device_id)
        acl.finalize()
        print("Release acl resource success"
```

（2）加载模型，具体代码如下。

```
def _init_resource(self):
    print("Init model resource")
    #加载模型文件
    self.model_id, ret = acl.mdl.load_from_file(self.model_path)
    check_ret("acl.mdl.load_from_file", ret)
    self.model_desc = acl.mdl.create_desc()
    ret = acl.mdl.get_desc(self.model_desc, self.model_id)
    check_ret("acl.mdl.get_desc", ret)
    #获取模型输出个数
    output_size = acl.mdl.get_num_outputs(self.model_desc)
    #创建模型输出 dataset 结构
    self._gen_output_dataset(output_size)
    print("[Model] class Model init resource stage success")
    #获取模型每个输出的类型和 shape
    self._get_output_desc(output_size)
    #创建记录输入数据内存地址的表，如果需要为输入申请内存，则记录到该表中以便复用
    self._init_input_buffer()

    return SUCCESS
```

（3）预处理，具体代码如下。

```
def preprocess(image):
    """
```

图片预处理

```
"""
# OpenCV 默认读入的颜色空间为 BGR，需将其转换为 RGB
image = cv2.cvtColor(image, cv2.COLOR_BGR2RGB)
ih, iw = input_size, input_size
h, w, _ = image.shape

# 缩放至固定大小 416 像素×416 像素
scale = min(iw/w, ih/h)
nw, nh = int(scale * w), int(scale * h)
image_resized = cv2.resize(image, (nw, nh))

image_paded = np.full(shape=[ih, iw, 3], fill_value=128.0)
dw, dh = (iw - nw) // 2, (ih-nh) // 2
image_paded[dh:nh+dh, dw:nw+dw, :] = image_resized
image_paded = image_paded / 255.

return image_paded.astype(np.float32)
```

（4）模型推理，具体代码如下。

```
def execute(self, input_list):
    #创建离线模型推理需要的 dataset 对象实例
    ret = self._gen_input_dataset(input_list)
    if ret == FAILED:
        print("Gen model input dataset failed")
        return None
    #调用离线模型的 execute 推理数据
    start = datetime.datetime.now()
    ret = acl.mdl.execute(self.model_id,
                          self.input_dataset,
                          self.output_dataset)
    if ret != ACL_ERROR_NONE:
        print("Execute model failed for acl.mdl.execute error ", ret)
        return None
    end = datetime.datetime.now()
    print("acl.mdl.execute exhaust ", end - start)
    #释放输入 dataset 对象实例，不会释放输入数据内存
    self._release_dataset(self.input_dataset)
    self.input_dataset = None
    #将推理输出的二进制数据流解码为 NumPy 数组，数组的 shape 和类型与模型输出的规格一致
    return self._output_dataset_to_numpy()
```

（5）后处理。

从模型输出的特征图中解析出目标框的类别和位置坐标，具体代码如下。

```python
def get_result(output, ori_img_shape):

    fea_lbbox, fea_mbbox, fea_sbbox = output

    pred_sbbox = decode(fea_sbbox, anchors[0], strides[0])
    pred_mbbox = decode(fea_mbbox, anchors[1], strides[1])
    pred_lbbox = decode(fea_lbbox, anchors[2], strides[2])

    pred_bbox = np.concatenate([np.reshape(pred_sbbox, (-1, 5 + num_classes)),
                    np.reshape(pred_mbbox, (-1, 5 + num_classes)),
                    np.reshape(pred_lbbox, (-1, 5 + num_classes))], axis=0)

    bboxes = postprocess_boxes(pred_bbox, ori_img_shape, score_threshold)
    bboxes = nms(bboxes, iou_threshold, method='nms')

    return bboxes
```

将目标框的类别和位置显示在图片中，并输出、保存效果图，具体代码如下。

```python
# 在图片中绘制目标框，输出类别信息
def draw_boxes(image, bboxes):

    image_h, image_w, _ = image.shape
    colors = [(0, 255,255), (255, 0, 255), (255, 255, 0)]

    for i, bbox in enumerate(bboxes):
        coor = np.array(bbox[:4], dtype=np.int32)
        fontScale = 0.5
        score = bbox[4]
        class_ind = int(bbox[5])
        bbox_color = colors[class_ind]
        bbox_thick = int(0.6 * (image_h + image_w) / 600)
        c1, c2 = (coor[0], coor[1]), (coor[2], coor[3])
        cv2.rectangle(image, c1, c2, bbox_color, bbox_thick)

        bbox_mess = '%s: %.2f' % (class_names[class_ind], score)
        t_size = cv2.getTextSize(bbox_mess, 0, fontScale, thickness=bbox_thick//2)[0]
        cv2.rectangle(image, c1, (c1[0] + t_size[0], c1[1] - t_size[1] - 3),
```

```
bbox_color, -1)  # filled

        cv2.putText(image, bbox_mess, (c1[0], c1[1]-2), cv2.FONT_HERSHEY_
SIMPLEX,
                    fontScale, (0, 0, 0), bbox_thick//2, lineType=cv2.LINE_AA)

    return image
```

程序主入口代码如下。

```
#acl 资源初始化
acl_resource = AclResource()
acl_resource.init()

if not os.path.exists(output_path):
    os.mkdir(output_path)

model = Model(acl_resource, model_path)
src_dir = os.listdir(resource_path)

demo = DemoService()
for pic in src_dir:
    time1 = time.time()
    ####=====读取测试路径和待测图片====
    pic_path = os.path.join(resource_path, pic)
    ####=====预处理=====
    data, orig = demo._preprocess(pic_path)
    ####=====模型推理=====,if list
    feature_maps = model.execute([data],)
    ####=====推理结果的后处理=====
    bboxes = demo._postprocess(feature_maps)
    #print("result = ", result_return)

    for box in bboxes:
        score = box[4]
        print("score: {}".format(score))

    img_boxes = draw_boxes(orig, bboxes)

    output_file = os.path.join(output_path, pic)
    print("output:%s" % output_file)
```

```
    cv.imwrite(output_file, orig)
time2 = time.time()
```

在命令行终端上执行脚本，测试代码能否正常运行，命令如下。

```
python3.6 det_picture.py
```

打开生成的效果图，最终口罩检测效果如图 12-13 所示。

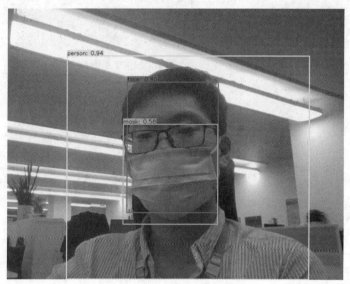

图 12-13　最终口罩检测效果